A jornada dos nossos genes

A jornada dos nossos genes

Uma história da humanidade e de como as migrações nos tornaram quem somos

Johannes Krause
e Thomas Trappe

SEXTANTE

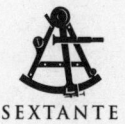

Título original: *Die Reise unserer Gene*

Copyright © 2019 por Ullstein Buchverlage GmbH, Berlim
Publicado originalmente em 2019 pela Propyläen Verlag.
Copyright da tradução © 2022 por GMT Editores Ltda.

Todos os direitos reservados. Nenhuma parte deste livro pode ser utilizada ou reproduzida sob quaisquer meios existentes sem autorização por escrito dos editores.

Todos os esforços foram feitos para creditar devidamente todos os detentores dos direitos das imagens que ilustram este livro. Eventuais omissões de crédito e copyright não são intencionais e serão devidamente solucionadas nas próximas edições, bastando que seus proprietários entrem em contato com os editores.

tradução: Maurício Mendes da Costa e Vanessa Rabel
preparo de originais: Cláudia Mello Belhassof
revisão: Rachel Rimas e Tereza da Rocha
diagramação e adaptação de capa: Ana Paula Daudt Brandão
mapas: © Peter Palm, Berlim, Alemanha
capa: Lucas Heinrich
imagem de capa: Leontura / Getty Images
impressão e acabamento: Lis Gráfica e Editora Ltda.

CIP-BRASIL. CATALOGAÇÃO NA PUBLICAÇÃO
SINDICATO NACIONAL DOS EDITORES DE LIVROS, RJ

K91j   Krause, Johannes

A jornada dos nossos genes / Johannes Krause com Thomas Trappe ; tradução Maurício Mendes da Costa , Vanessa Rabel. - 1. ed. - Rio de Janeiro : Sextante, 2022.
288 p. ; 21 cm.

Tradução de: Die reise unserer gene
ISBN 978-65-5564-401-2

1. Evolução humana. 2. Genética humana. I. Trappe, Thomas. II. Costa, Maurício Mendes da. III. Rabel, Vanessa. IV. Título.

22-78117	CDD: 576.5
	CDU: 575.1

Gabriela Faray Ferreira Lopes - Bibliotecária - CRB-7/6643

Todos os direitos reservados, no Brasil, por
GMT Editores Ltda.
Rua Voluntários da Pátria, 45 – Gr. 1.404 – Botafogo
22270-000 – Rio de Janeiro – RJ
Tel.: (21) 2538-4100 – Fax: (21) 2286-9244
E-mail: atendimento@sextante.com.br
www.sextante.com.br

Sumário

Introdução — 7

CAPÍTULO 1
Nasce uma nova ciência — 13

CAPÍTULO 2
Os imigrantes tenazes — 43

CAPÍTULO 3
Os imigrantes são o futuro — 69

CAPÍTULO 4
Sociedades paralelas — 95

CAPÍTULO 5
Jovens solteiros — 111

CAPÍTULO 6
Os europeus descobrem uma língua — 137

CAPÍTULO 7
Navios de refugiados no Mediterrâneo — 155

CAPÍTULO 8
Eles levam a peste — 177

CAPÍTULO 9
Novo mundo, novas pandemias — 207

CAPÍTULO 10
Conclusão: O caldeirão cultural global — 229

Notas — 259
Agradecimentos — 267
Referências bibliográficas — 269
Créditos das imagens — 287

Introdução

Depois da pandemia, nada será como antes. Uma doença até então desconhecida assolou a Europa como uma tempestade, e, em todos os lugares por onde passou, sistemas sociais inteiros foram profundamente alterados. A humanidade já conhecia o poder brutal dos patógenos. Há 4.800 anos, uma doença começou no leste e transformou quase por completo a estrutura genética das pessoas que viviam na Europa; os europeus orientais dominaram o continente e basicamente deram início à Idade do Bronze. Essa doença era a peste. É possível que tenha afligido a Europa pela primeira vez na Idade da Pedra, e muitas vezes provocou terríveis devastações no decorrer da sua história subsequente, e cada surto foi pior que o anterior. Mesmo naquela época, as pessoas tentavam conter a peste bloqueando fronteiras, implementando quarentenas e fechando o comércio. Embora não conhecessem a causa da doença, todos puderam observar seu alastramento de perto. Por exemplo, em Veneza, uma grande potência econômica da época, o comércio quase parou na Idade Média. Inúmeras pessoas morreram nas ruas, e o número de mortos só foi revelado recentemente pelas valas comuns. Até pouco tempo, esperava-se que a história jamais se repetisse. Mas, em 2020, foram transmitidas para todo o mundo imagens de caminhões transportando as vítimas da covid-19 para crematórios e valas comuns – em Bérgamo, Nova York e outras cidades.

Levamos quase 5 mil anos apenas para descobrir a existência da peste na Idade da Pedra. Munidos de uma tecnologia revolucionária, reduzimos ossos antigos a pó e destilamos de seu DNA as histórias que contaremos neste livro. A arqueogenética, um jovem ramo da ciência, usa métodos desenvolvidos no campo da medicina para decodificar genomas primitivos, sendo que alguns têm milhares de anos. Esse campo começou a ganhar impulso há pouco tempo, mas sua contribuição para a nossa reserva de conhecimento é inestimável. Usando ossos humanos de um passado distante, é possível identificar não só os perfis genéticos dos mortos, mas também o modo como seus genes se espalharam pela Europa – em outras palavras, é possível descobrir quando os nossos antepassados chegaram e de onde eles vieram. Agora também somos capazes de filtrar o DNA de bactérias que provocam doenças fatais – não só a praga – do sangue seco presente em dentes com centenas de milhares de anos. Graças à arqueogenética, a história e a trajetória das doenças na Europa podem ser recontadas de forma inédita. E acontece que duas das grandes questões que o mundo tem enfrentado hoje em dia são constantes na história da humanidade: pandemias fatais e migrações constantes.

Quando este livro foi publicado pela primeira vez, em fevereiro de 2019, a discussão política na Alemanha ainda era marcada pela crise dos refugiados de 2015. A atenção dos leitores e da imprensa estava voltada principalmente às passagens que giravam em torno das evidências arqueogenéticas das inúmeras ondas de migração no mundo e da constante troca genética entre os nossos ancestrais. Agora, pouco mais de um ano depois, enquanto o mundo inteiro ainda sofre as consequências do impiedoso SARS-CoV-2, essa crise específica saiu um pouco da mira dos holofotes, apesar das inúmeras jornadas precárias feitas por imigrantes todo dia. Ainda que não se possa comparar o novo coronavírus à peste, muito mais mortal, é possível estabelecer um paralelo: patógenos invisíveis sempre foram capazes de fazer com que, da noite para o dia, sociedades inteiras passassem de um sentimento de invulnerabilidade a outro de impotência paralisante. Ninguém sabe, até hoje, quais serão as consequências da atual pandemia para a humanidade. Neste livro, no entanto, mostraremos o impacto que esses eventos tiveram sobre os primeiros habitantes da Europa. Seria pretensioso demais tirar conclusões de âmbito político e aplicá-las ao momento atual – essa não é a tarefa da arqueogenética –, mas podemos ajudar a elucidar algumas coisas. Podemos tentar entender o mundo pelo que ele é: um local de progresso que se estendeu por milhares de anos, um progresso que, sem a migração e a mobilidade humanas, teria sido impossível. De tempos em tempos, as populações se fortaleceram com a adversidade, mesmo depois de pandemias catastróficas. Não é segredo que, pelo menos nesse sentido, esperamos que a história se repita.

As páginas iniciais deste livro exploram as grandes ondas migratórias que moldaram a Europa desde seus tempos mais remotos, além das ondas que começaram lá e fundaram o mundo ocidental. Entre outras coisas, vamos falar da sempre presente rota dos Bálcãs e dos conflitos que acompanham as migrações desde tempos imemoriais. Vamos explicar por que os primeiros europeus tinham a pele escura e por que, por meio de análises do DNA, é possível situar indivíduos europeus em um mapa, mas não é possível delimitar geneticamente grupos étnicos – muito menos suas nacionalidades. Traçamos um arco desde a Era do Gelo, quando a jornada genética dos europeus começou, até os tempos atuais, em que estamos prestes a tomar as rédeas da evolução. Este livro busca abordar não apenas controvérsias políticas, mas também as contribuições da arqueogenética para o nosso entendimento da história da Europa.

Essas novas informações não oferecem respostas definitivas. Os imigrantes moldaram, sim, a Europa, e não há dúvida de que as agitações resultantes provocaram muito sofrimento – para os caçadores-coletores, por exemplo, que foram expulsos pelos agricultores anatolianos. E é verdade que a história da migração também sempre foi a história das doenças fatais. Sabemos que as pessoas a favor da migração encontrarão argumentos para apoiar suas crenças, assim como aqueles que defendem um controle rígido nas fronteiras. Nossa esperança é que, após a leitura, ninguém tenha dúvida de que a mobilidade faz parte da natureza humana. O ideal é que os leitores sejam persuadidos de que, no futuro, uma abordagem global da sociedade – testada ao longo de milhares de anos – também será a chave para o progresso. Os tempos que estamos vivendo colocaram a mobilidade – com todas as suas complicações – sob uma poderosa lupa. Por um lado, o alastramento da covid-19 teria sido impensável sem ela. Por outro, impor limitações de grande escala à migração por apenas algumas semanas levou a uma crise social e a um colapso econômico cujos efeitos no mundo todo serão sentidos na nossa vida cotidiana durante anos.

Dois autores trabalharam neste livro. O primeiro é Johannes Krause, a quem caberá o papel do narrador em primeira pessoa a partir do próximo capítulo. Ele é um dos especialistas internacionais mais qualificados no campo da arqueogenética (e, por uma questão de modéstia, foi o outro autor quem escreveu esta introdução), além de ser diretor do Instituto Max Planck de Antropologia Evolutiva em Leipzig, na Alemanha. Seu coautor, Thomas Trappe, recebeu a tarefa de condensar todo o conhecimento de Krause numa narrativa compacta e de trazer esse conhecimento para o presente e incorporá-lo aos debates políticos atuais. Trappe já colaborou com Krause várias vezes; também publicou artigos sobre nacionalismo e ideias populistas contemporâneas. Ao longo de muitas conversas, os dois autores perceberam que queriam escrever um livro que unisse a ciência aos debates atuais.

Gostaríamos de começar com um rápido passeio pelos fundamentos da arqueogenética – e com um osso de dedo que alterou o curso do conhecimento científico e a carreira científica de Krause. Para nossa surpresa, o osso nos apresentou a um novo tipo de hominíneo, revelando indiretamente a afinidade entre os primeiros europeus e os neandertais. Decidimos começar a nossa curta história da humanidade com essa descoberta improvável.

Johannes Krause e Thomas Trappe
Berlim, junho de 2020.

CAPÍTULO 1

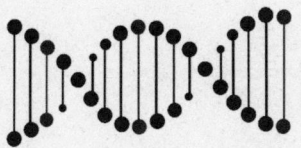

Nasce uma nova ciência

Um dedo siberiano aponta para o novo humano primitivo. Nasce a arqueogenética. Os geneticistas se sentem numa corrida do ouro com seus novos brinquedos reluzentes. O filme *Parque dos Dinossauros* deixa todo mundo enlouquecido. Sim, todos nós somos parentes distantes de Carlos Magno. Adão e Eva não viveram juntos. O neandertal revela um erro.

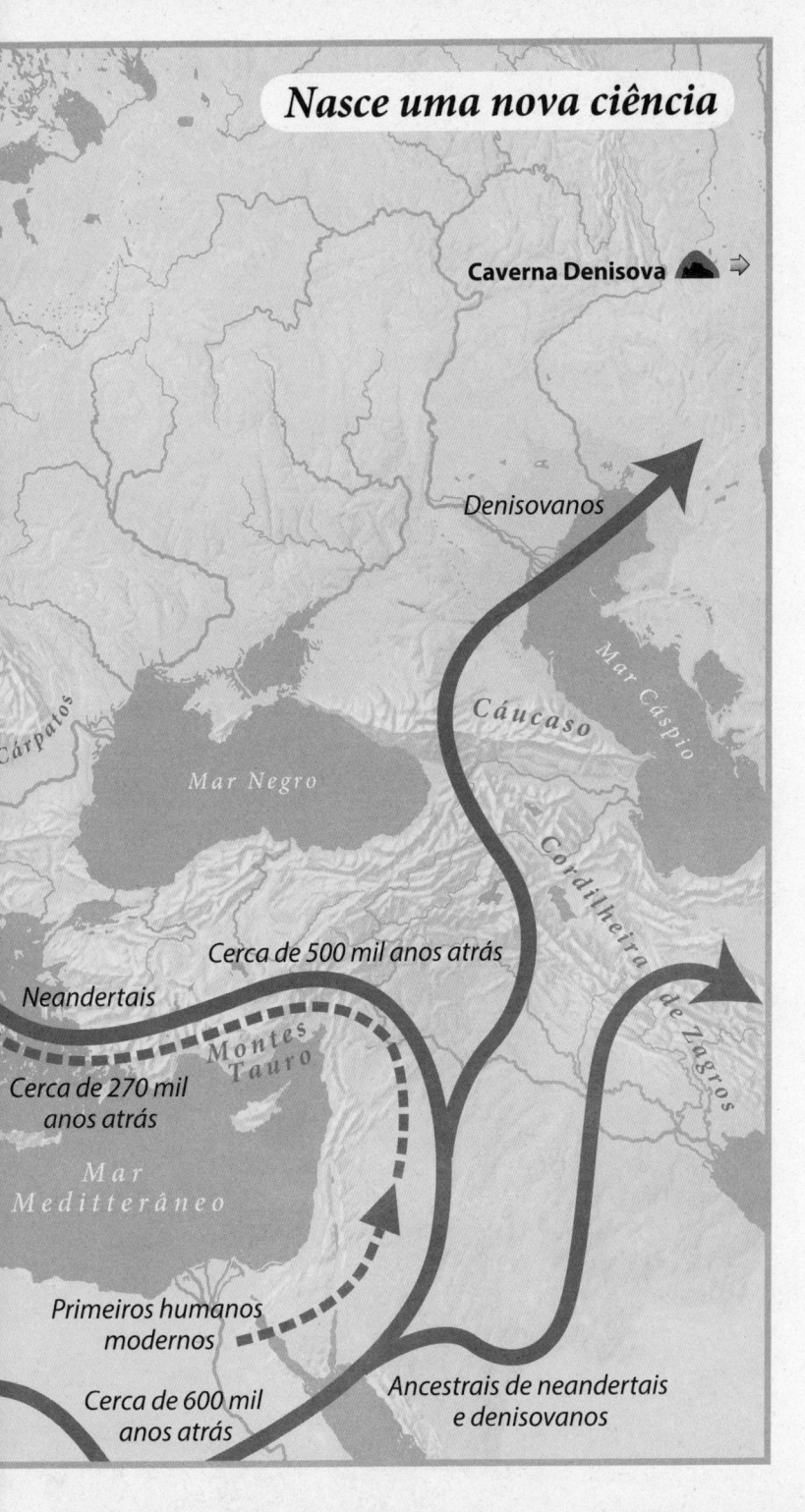

Um osso em cima da mesa

A ponta de dedo que encontrei em cima da minha mesa em uma manhã do inverno de 2009 não era nada mais do que um lamentável resto mortal. Não tinha unha nem pele, era só a ponta da falange distal, não muito maior do que um caroço de cereja. Como descobri depois, pertencia a uma menina de 5 a 7 anos. A ponta estava dentro de um envelope acolchoado comum e vinha de muito longe, de Novosibirsk. Nem todos ficariam felizes se encontrassem pedaços de corpos decepados vindos da Rússia antes mesmo do café da manhã. Mas eu fiquei.

Quase uma década antes, em 2000, o então presidente dos Estados Unidos, Bill Clinton, fez um comunicado à imprensa na Casa Branca: depois de anos de trabalho e bilhões de dólares investidos no Projeto Genoma Humano, nossos genes finalmente tinham sido sequenciados. O projeto, que tinha começado dez anos antes, em 1990, era a primeira tentativa de pesquisa científica internacional para sequenciar todos os genes da nossa espécie – conhecidos como genoma humano. Esse momento continua sendo um dos mais ambiciosos e inovadores da história da ciência. O DNA virou manchete no mundo todo. Um dos maiores jornais alemães abriu espaço em suas páginas para imprimir a sequência do genoma humano: uma cadeia infinita de pares das bases A, T, C e G que compõem o

DNA. Muitas pessoas descobriram a importância da genética, acreditando que o DNA lhes permitiria ler os seres humanos como se lê uma planta baixa.

Em 2009, a ciência já estava muito mais perto de alcançar esse objetivo. Nessa época, eu estava fazendo meu pós-doutorado no Instituto Max Planck de Antropologia Evolutiva (MPI-EVA), em Leipzig. O instituto era referência mundial para cientistas que queriam sequenciar o DNA de ossos antigos com a ajuda de uma tecnologia de ponta. Pesquisas genéticas extensivas tinham sido realizadas lá ao longo de mais de uma década, sem as quais o osso de dedo encontrado na minha mesa nunca poderia ter sido usado para mudar a nossa compreensão da história da evolução humana. O osso, descoberto na Sibéria, é parte dos restos mortais de 70 mil anos de idade de uma menina que tinha uma forma hominínea primitiva até então desconhecida. Isso nos foi revelado por alguns miligramas de pó de osso, com a ajuda de uma máquina de sequenciamento altamente complexa. Apenas alguns anos antes, teria sido tecnicamente impensável descobrir, por meio de um fragmento tão minúsculo, a quem ele pertencia. Mas não foi só isso que a lasca de osso nos revelou. Por meio dela também descobrimos o que nós, seres humanos vivos hoje em dia, temos em comum com essa garotinha e em que medida somos diferentes.

Um bilhão por dia

A ideia do DNA como uma planta baixa já é conhecida há mais de cem anos. Em 1953, usando o trabalho pioneiro da química britânica Rosalind Franklin, o biólogo americano James Watson e o físico britânico Francis Crick descobriram a estrutura do DNA. Nove anos depois, ambos receberam o Prêmio Nobel de Medicina (a essa altura, Franklin já havia falecido prematuramente aos

37 anos). Desde então, a comunidade médica impulsionou a pesquisa do DNA que acabou levando ao Projeto Genoma Humano.

Outro passo decisivo para a decodificação ou leitura do DNA foi o desenvolvimento da reação em cadeia da polimerase na década de 1980.[1] Esse processo permite determinar a ordem dos pares de bases de uma molécula de DNA e é indispensável para as máquinas de sequenciamento atuais. Desde a virada do século, as máquinas de sequenciamento vêm evoluindo rapidamente. Se compararmos o velho computador Commodore 64 com um smartphone atual, teremos uma ideia da velocidade com que a tecnologia também avançou no campo da genética.

Alguns números podem nos dar uma ideia da escala do que estamos discutindo quando falamos de sequenciamento do DNA. O genoma humano consiste em 3 bilhões de pares de bases.[2] Em 2003, quando o Projeto Genoma Humano chegou ao fim, teriam sido necessários mais dez anos para decifrar as informações genéticas de um ser humano específico.[3] Hoje, no nosso laboratório, conseguimos decifrar 1 bilhão de pares de bases num único dia. Nos últimos 12 anos, a produção de dados das máquinas aumentou centenas de milhões de vezes, de modo que uma única máquina consegue decodificar o impressionante número de trezentos genomas humanos por dia. Em dez anos, os genomas de milhões de pessoas no mundo terão sido decodificados com algum grau de certeza, e até hoje o desenvolvimento tecnológico das máquinas tem sido sistematicamente subestimado. Está cada vez mais rápido e econômico sequenciar um DNA e, em breve, será uma opção para quase todo mundo. O mapeamento do DNA hoje pode custar até menos que um hemograma completo, então é fácil imaginar que em breve será rotina os pais pedirem o genoma decodificado de seus recém-nascidos. O sequenciamento do DNA oferece possibilidades nunca imaginadas – a detecção precoce de predisposições genéticas para determinado tipo de doença, por exemplo –, e esse potencial continua aumentando.[4]

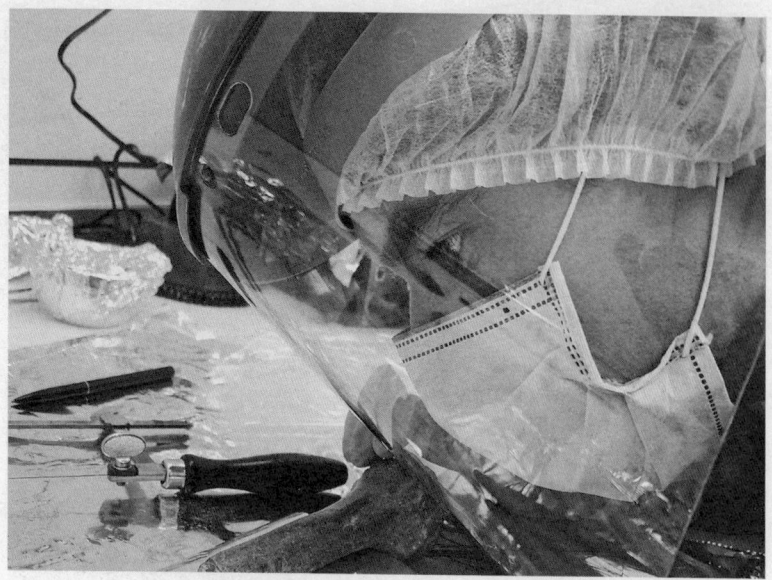

Johannes Krause colhe uma amostra de DNA do úmero de um neandertal encontrado no Vale de Neander, local que deu origem ao nome dos neandertais.

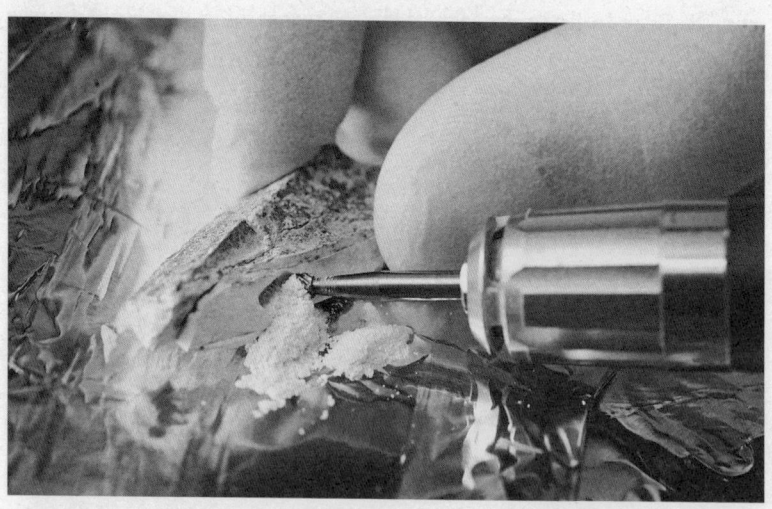

O grande perigo ao conduzir análises de DNA é a contaminação. Para impedir que isso aconteça, os cientistas colhem as amostras ósseas em salas hermeticamente fechadas, usando vestimentas de segurança.

Enquanto a medicina tenta entender melhor as doenças e desenvolver novos medicamentos e terapias ao decodificar os genomas de pessoas vivas, os arqueogeneticistas estão usando a tecnologia para analisar achados arqueológicos. Ossos, dentes ou amostras de solo antigos podem ajudar os arqueogeneticistas a descobrir as origens e os relacionamentos genéticos de seres humanos há muito falecidos. Esse trabalho abriu possibilidades totalmente novas no campo da arqueologia, que agora já não precisa se basear inteiramente em teorias e interpretações, mas, por exemplo, em identificar padrões migratórios com uma precisão sem precedentes. Para a arqueologia, a capacidade de decodificar o DNA primitivo é tão relevante quanto outra revolução tecnológica que ocorreu na década de 1950: a datação de achados arqueológicos por radiocarbono. Esse procedimento foi a primeira ferramenta que possibilitou que os cientistas datassem restos mortais humanos com segurança, mas não com o ano exato.[5] A tecnologia do DNA permite que os arqueogeneticistas leiam fragmentos de esqueletos e identifiquem conexões desconhecidas até mesmo por aqueles a quem os ossos pertenciam. Os restos mortais de seres humanos que estavam debaixo da terra, muitos desses há dezenas de milhares de anos, se transformaram em valiosos mensageiros do passado. As histórias dos nossos antepassados estão escritas nesses fragmentos – histórias que contaremos neste livro, algumas pela primeira vez.

Mutantes humanos

Um dos pioneiros mais importantes da arqueogenética é Svante Pääbo, diretor do MPI-EVA, em Leipzig, desde 1999. Formado em medicina, durante o doutorado na Universidade de Uppsala, na Suécia, em 1984, Pääbo extraiu o DNA de uma múmia egípcia no laboratório. Em 2003, Pääbo me aceitou como orientando em

Leipzig. Quando, dois anos depois, eu estava escolhendo um tema para minha tese de doutorado, ele sugeriu que eu trabalhasse com ele para ajudá-lo a decodificar o genoma dos neandertais. Na verdade, a ideia era uma loucura: no ponto em que a tecnologia se encontrava na época, esse empreendimento levaria décadas. Além do mais, teríamos que moer dezenas de quilos de preciosos ossos de neandertais. Mas eu confiava em Pääbo e no julgamento dele; se ele dizia que o projeto era viável, eu só poderia acreditar. Aceitei a oferta. A decisão foi acertada. Graças ao avanço incrivelmente rápido da tecnologia de sequenciamento, três anos depois concluímos o trabalho – e com uma destruição mínima de ossos. Foi nesse período que, analisando o pedaço de dedo das Montanhas Altai, descobri um novo ancestral dos humanos modernos, os denisovanos. Isso basicamente alterou a história humana conhecida até então (você pode ler mais sobre a minha descoberta no box ao fim deste capítulo, "Trabalhando com nossos dedos"). Ossos como esses são os arquivos de mídia dos arqueogeneticistas e podem revelar muitas coisas. O homem primitivo a quem esse osso pertencia seria um de nossos ancestrais diretos ou sua linhagem entrou em extinção? Em que aspectos seu material genético diferia do nosso?

Na arqueogenética, usamos os genomas dos homens primitivos como modelo e os comparamos com o nosso DNA contemporâneo. Como pesquisadores, nosso interesse está nos lugares em que o modelo não se encaixa, pois foi nessas posições que o DNA se modificou ou sofreu mutação. A palavra mutação tem uma conotação negativa para muitos, mas as mutações são o motor da evolução e a razão pela qual os seres humanos e os chimpanzés ficam separados por uma grade no zoológico. As mutações são o grande marco da história da humanidade.

No tempo que você levar para ler este capítulo, o DNA de milhões de suas células terá mudado quimicamente: na pele, nos intestinos, em todos os lugares. Essas alterações costumam ser corrigidas pelo corpo na mesma hora, mas nem sempre é assim que acontece. Quando o processo dá errado, chamamos de mutação. Se as mutações acontecem na formação das células reprodutivas, ou seja, em espermatozoides ou óvulos, elas podem ser passadas à próxima geração. O corpo tem mecanismos para prevenir isso; a maioria das células reprodutivas com mutações que podem causar doenças graves acaba morrendo. Mas as mutações menores podem escapar, e uma alteração genética, sob certas circunstâncias, pode ser passada adiante.[6]

Alterações genéticas que geram um número maior de descendentes se espalham com mais rapidez nas populações porque são passadas adiante com mais frequência. Por exemplo, houve várias mutações que fizeram com que os seres humanos tivessem menos pelos que os nossos primos distantes, os grandes primatas. Nós desenvolvemos as glândulas sudoríparas, um sistema de refrigeração mais eficaz que permitiu que os homíneos primitivos, menos peludos, corressem distâncias maiores, caçassem melhor e fugissem dos predadores com mais eficácia. Consequentemente, eles viviam por mais tempo e tinham mais chances de se reproduzir. Por outro lado, seres humanos primitivos com genes que favoreciam o crescimento de pelos eram menos capazes de competir por recursos e correr mais do que as presas, por isso foram extintos.

A maioria das mutações não tem uma finalidade própria. Ou elas não têm nenhum efeito sobre o organismo ou elas o prejudicam e são negativamente selecionadas ou eliminadas. Nas raras exceções em que as mutações se mostram úteis para a sobrevivência e a reprodução, elas são positivamente selecionadas e se propagam pelo *pool* genético (conjunto de alelos de uma determinada população), impulsionando a evolução de modo permanente. Dessa forma, podemos descrever a evolução como uma interação de acidentes aleatórios durante um teste de campo contínuo, sendo que o teste de campo é a vida da humanidade na Terra.

METADE LIXO, METADE PLANTA BAIXA

Qualquer pessoa que queira entender a própria planta baixa genética precisa lembrar que, dos 3,3 bilhões de pares de bases do nosso genoma, a maioria é considerada lixo – só 2% são genes. Esses 2% são responsáveis pela codificação das proteínas, os blocos de construção do nosso corpo, representando a planta baixa de cerca de 30 bilhões de células.[7] O ser humano tem apenas cerca de 19 mil genes no total, um número surpreendentemente pequeno. Uma ameba, isto é, um minúsculo organismo unicelular, tem 30 mil genes, enquanto alguns besouros comuns têm mais de 50 mil. Por si só, o número de genes não determina o grau de complexidade de um ser vivo. Em organismos que têm núcleo celular, as informações contidas num gene podem ser combinadas e formar uma ampla gama de blocos de construção; o gene não é necessariamente responsável por apenas uma função do corpo. Em formas de vida mais primitivas, como as bactérias, um gene forma apenas um bloco de construção, que, em geral, executa uma única função. Outra maneira de dizer isso é que os genes dos seres humanos e os genes da maioria dos animais formam um time que é muito pequeno mas que trabalha muito bem em equipe.

Cinquenta por cento do genoma humano é lotado de lixo, como um disco rígido grande demais. Quando falamos em "lixo", estamos falando de sequências de DNA que não servem a nenhum propósito aparente. Ao lado dos genes, os "interruptores" moleculares desempenham um papel importante, constituindo cerca de 10% da nossa estrutura genética extremamente complexa. Esses interruptores são ativados e desativados pelos fatores de transcrição e garantem que cada parte do corpo produza a proteína certa – que as células da ponta de um dedo, por exemplo, não se comportem como células do estômago e produzam ácido. Basicamente, todas as células de um ser humano contêm as mesmas informações; é uma questão de discernir quais informações são relevantes.

Para a arqueogenética, as partes inúteis do genoma são valiosas, porque elas nos permitem estabelecer o que chamamos de relógio molecular. Os cientistas medem mutações em todo o genoma e deduzem quando, por exemplo, duas populações se dividiram. Quanto mais tempo tiver passado, mais novas variantes terão se acumulado no DNA ou alterado sua frequência. Se o genoma inteiro fosse constituído por genes, o número de variantes, ou seja, mutações, não dependeria de quanto tempo se passou desde a separação, mas do grau de diferença entre os ambientes das duas populações. Por exemplo, os africanos subsaarianos apresentam menos modificações em vários dos seus genes do que os descendentes de pessoas que migraram da África para outros lugares. Isso acontece porque os genes dos imigrantes tiveram que se adaptar às novas condições, enquanto os das pessoas que ficaram na África não, ou, pelo menos, não com a mesma intensidade. Ainda assim, hoje os genomas dos africanos subsaarianos contêm ainda mais mutações, em comparação com os das pessoas fora da África. A razão para isso? As mutações ocorrem no depósito de lixo do genoma da mesma forma que ocorrem nos genes, mas não são tão sujeitas a seleções negativas ou positivas. Desde o nosso último ancestral em comum, o mesmo número de mutações se acumulou em todos nós, ou seja, o relógio molecular não para de girar, não importa quanto os genes de duas populações comparáveis se diferenciaram. Os grupos subsaarianos se separaram uns dos outros há muito mais tempo e, portanto, tiveram mais tempo para acumular mutações neutras.

Saudações do homem primitivo

Para os arqueogeneticistas, observar o material genético de ossos antigos é como voltar no tempo: com base no DNA dos nossos ancestrais, que viveram dezenas de milhares de anos atrás, podemos ver quais mutações persistiram até hoje e quais desapareceram. Mas pouquíssimos ossos são adequados para o sequenciamento, porque o DNA tem que estar bem conservado. Radiação, calor e umidade são grandes inimigos do DNA, mas o maior inimigo de todos é o tempo. Quanto mais antigo for um osso, menor é a probabilidade de conseguirmos extrair dele um DNA utilizável. E também existe o problema da contaminação. O DNA moderno se espalha de forma semelhante à areia dentro de uma casa de praia: está sempre presente em todos os cantos. O DNA que Svante Pääbo extraiu de sua múmia na década de 1980, por exemplo, não era do Egito, mas da Suécia contemporânea – em outras palavras, era dele mesmo.

Apesar de tudo, na década de 1990 o sequenciamento de DNA era o assunto do momento. Parecia um tema de pesquisa bem promissor, agradava muita gente, ainda mais depois que grande parte do público começou a acreditar que era possível fazer com

A caverna Denisova, nas Montanhas Altai da Sibéria, onde o osso do dedo da garota denisovana foi encontrado. Tanto os primeiros humanos modernos quando os neandertais viveram nessa caverna.

que dinossauros recobrassem a vida a partir de mosquitos primitivos preservados em âmbar, como retratado no filme *Parque dos Dinossauros*, de Steven Spielberg. Muitos dos estudos de sequenciamento realizados em DNA primitivo não valiam nem o papel no qual eram impressos. A contaminação dos fósseis era um problema constante, e mesmo os testes mais cuidadosos não podiam descartar a possibilidade de os fósseis terem sido contaminados pelo DNA de bactérias e dos pesquisadores. No fim da década de 1980, já existiam critérios científicos relacionados à autenticidade do DNA primitivo, mas muitos pesquisadores simplesmente os ignoravam.

A partir de meados da década de 2000 e graças a uma produção de dados significativamente maior, a revolução na tecnologia de sequenciamento tornou muito mais fácil excluir as contaminações. Em 2009, fizemos um grande progresso durante um estu-

Reconstrução de um neandertal no Museu Neandertal, em Mettmann, Alemanha. A maioria das pessoas vivas hoje em dia carrega um pouco do DNA desse homem primitivo, embora seja apenas cerca de 2% do nosso material genético.

do que conduzi no MPI-EVA. Pela primeira vez, decodificamos o DNA mitocondrial (mtDNA) completo de um dos primeiros humanos modernos da Era do Gelo originário da Rússia ocidental. No entanto, pela perspectiva atual, o mais importante do trabalho foi o método. Desenvolvemos um processo para analisar os danos no DNA humano que hoje é padrão na arqueogenética. Ele verifica os padrões específicos de danos que com certeza surgem conforme o DNA se decompõe uniformemente ao longo do tempo – quanto maior a decomposição, mais antigo é o DNA. A partir disso, é possível derivar um padrão. Se os padrões de danos indicam que estamos lidando com um DNA jovem, a amostra está contaminada e deve ser desconsiderada. Com o humano russo da Era do Gelo, pudemos usar esse método pela primeira vez para provar que o DNA não podia ser uma contaminação humana recente; era antigo e verdadeiro, gerando a mais antiga sequência de DNA humano até hoje e abrindo a possibilidade de estudarmos nossos ancestrais diretamente.

O mito das origens verdadeiras

Os danos provocados pelas publicações pseudocientíficas dos últimos anos são sentidos até hoje. Para um arqueogeneticista, é chocante ver quantos equívocos sobre a hereditariedade genética continuam circulando e como eles são comercializados de maneira descarada. Existem empresas que atraem os clientes interessados em genealogia com a promessa de que é possível rastrear suas "origens pessoais". Uma dessas prestadoras, inclusive, afirma ter encontrado o "gene de Napoleão".

Esses testes genéticos não são baratos – alguns custam até quatro dígitos. Infelizmente, não são nem um pouco confiáveis. Essas empresas simplesmente comparam o mtDNA e os cromossomos

Y dos clientes com o DNA de pessoas do passado. O DNA dos celtas, por exemplo, é uma propaganda popular. Se o mtDNA de um cliente combina com as amostras de DNA de cemitérios celtas, presume-se que haja uma linhagem direta. No entanto, o mtDNA dos celtas também pode ser encontrado nas Idades da Pedra e do Bronze ou na Europa medieval, quando não havia a cultura celta. Além disso, é totalmente inadequado usar o mtDNA para provar um parentesco próximo com alguém. Como discutiremos posteriormente com mais detalhes, ele é apenas a informação genética de uma única ancestral mulher entre milhões. A ideia de uma "ancestralidade" celta não passa de um conto de fadas. As pessoas empolgadas para ter um parentesco com Napoleão também não vão descobrir muita coisa a partir desses testes. Napoleão compartilhava o mtDNA não só com a mãe, mas provavelmente com milhares de pessoas vivas na mesma época.

Se você gosta da ideia de ter um ancestral famoso, posso afirmar que você com certeza tem um. Carlos Magno, que há mais de mil anos foi pai de pelo menos 14 filhos, pode ser considerado o ancestral da maioria dos europeus. Isso é pura matemática. De um ponto de vista puramente aritmético, todos os europeus vivos hoje têm muito mais ancestrais do que o número de pessoas vivas na época. Para explicar de outra forma, quase todas as linhagens de descendência da época de Carlos Magno até a atualidade apontam para todos os europeus. A probabilidade de isso incluir pelo menos um filho de Carlos Magno é de quase 100%.[8] Também poderíamos simplesmente dizer que todos os europeus em algum momento tiveram ancestrais em comum nos últimos mil anos. Ao mesmo tempo, a cada geração o DNA compartilhado com um ancestral se divide ao meio, então o material genético de um ancestral específico de dez gerações atrás muito provavelmente não será mais discernível em um genoma contemporâneo.

É claro que também existem prestadoras sérias que examinam todo o genoma nuclear (as diferenças entre DNA nuclear e mtDNA serão explicadas no fim deste capítulo) e fornecem resultados válidos no que diz respeito à ancestralidade genética. Isso envolve rastrear características genéticas em regiões específicas. O princípio por trás disso é simples: quanto maior a proximidade geográfica entre duas pessoas, mais próximo também será seu parentesco, porque menos tempo se passou desde o ancestral em comum mais recente das duas. A distância genética entre os britânicos e os gregos é igual à distância entre os espanhóis e os povos bálticos, e no meio se encontram os centro-europeus. Se traçarmos a distância genética entre os europeus nos eixos X e Y, as coordenadas formarão um desenho quase idêntico ao do mapa geográfico da Europa.

Mas nada disso tem a ver com as nossas "origens verdadeiras". Consideremos o período migratório, por exemplo, uma época na história da Europa que certamente testemunhou uma grande troca genética entre diversas populações europeias, mas nenhuma alteração genética fundamental. É preciso voltar quase 5 mil anos no passado para chegar ao último grande movimento migratório que modificou o DNA de todos os europeus. O DNA das pessoas que vieram das estepes da Europa Oriental 5 mil anos atrás é até hoje um dos três componentes genéticos dominantes no continente. Os outros dois são dos primeiros caçadores-coletores e de lavradores que migraram da Anatólia. Os componentes genéticos dessas três populações primitivas podem ser quantificados por meio de testes de DNA em todas as pessoas que têm raízes europeias. Muitas empresas já oferecem esse tipo de serviço.

Sem dúvida, seria interessante saber se somos geneticamente mais próximos dos caçadores-coletores, dos primeiros lavradores ou das populações da estepe. Mas a maioria dessas empresas de testes oferece pouco mais do que folclore, pois esses componentes diferentes só nos dizem algo sobre a nossa ancestralidade genética; normalmente não dizem nada sobre as nossas predisposições. Mesmo que testássemos as duas pessoas mais geneticamente diferentes do mundo, elas ainda compartilhariam 99,8% do seu DNA. Na verdade, a diferença do nosso genoma para o dos neandertais não chega a 0,5%. Ou seja, quando falamos de alterações genéticas, estamos falando apenas de mudanças numa parte minúscula do DNA. Populações que viveram em proximidade geográfica e genética, como os franceses e os portugueses, só podem ser distinguidas com uma análise ampla do genoma.

As bases genéticas dos europeus foram estabelecidas há cerca de 4.500 anos, mas isso não significa que a arqueogenética não tem nada a contribuir com o que aconteceu depois. Essa área de estudo está apenas começando. Até agora, ela se concentra sobretudo na pré-história e na história primitiva, mas o próximo passo será se concentrar nos sumérios, egípcios, gregos e romanos. Até aqui, houve pouco interesse nessas populações porque muitas fontes escritas já nos oferecem grande riqueza de detalhes históricos; sabemos até o que os imperadores romanos comiam no almoço. Por isso, a maioria dos arqueogeneticistas priorizou as épocas que não têm registros escritos, para que pudéssemos, por meio da pesquisa genética, construir um cenário do que aconteceu antes de alguém escrevê-lo.

O teste de DNA de esqueletos primitivos também pode expandir o nosso conhecimento sobre a mobilidade durante o período migratório depois do colapso do Império Romano. No entanto, essas migrações icônicas de lombardos, anglo-saxões e godos não foram grandes eventos migratórios; o que moldou a genética europeia foram as grandes migrações pré-históricas durante as Idades da Pedra e do Bronze. Durante o período migratório do século VI d.C., os imigrantes que chegavam à Europa teriam deixado pouquíssimas digitais genéticas. Havia muitas pessoas vivendo ali para o *pool* genético ser afetado ou remodelado pela pequena quantidade de recém-chegados. Nem o DNA de dezenas de milhares de imigrantes teria alterado o cenário genético da Europa. Mas isso não diz nada sobre os impactos sociais, políticos e culturais dos imigrantes.

A jornada da peste e da cólera

A pesquisa arqueogenética não se preocupa só com a decodificação do DNA de humanos que morreram há muito tempo. Outro ramo da pesquisa chamou muita atenção nos últimos anos, enquanto os cientistas vinham trabalhando na decodificação do DNA de patógenos primitivos. A migração e a interação entre populações fizeram do homem moderno o que ele é hoje e possibilitaram a construção de uma civilização altamente desenvolvida e globalmente conectada. Mas essa mobilidade cobrou um preço significativo: o alastramento de doenças infecciosas.

No decorrer dos últimos milênios, milhões e milhões de europeus morreram por causa de bactérias e vírus, atingidos por duas megatendências interligadas. Por um lado, havia o aumento da densidade populacional do mundo, que facilitou muito o alastramento dos patógenos. Por outro, uma interação maior entre as populações – especialmente pelo comércio – muito provavelmente foi o motivo pelo qual os patógenos conseguiram alcançar novas regiões do mundo.

Esse efeito continua até a era moderna – por exemplo, quando os nativos norte-americanos morreram em massa de varíola e sarampo após a chegada dos europeus ao continente. Em troca, eles provavelmente contaminaram os europeus com a sífilis, que eles levaram para casa, causando muito sofrimento e fazendo inúmeras vítimas no continente europeu até o século XX. Quando o ebola surgiu na África Ocidental há poucos anos, o mundo inteiro teve medo de que o vírus pudesse se espalhar para outras regiões. Quando a covid-19 se espalhou pelo mundo em 2020, o medo de uma pandemia se concretizou.

Existem cada vez mais evidências de que as primeiras ondas migratórias globais estão ligadas ao alastramento de doenças infecciosas pelo mundo. Sabemos que a bactéria da peste já existia no sul do que hoje é a Rússia há pelo menos 5.200 anos, numa região que depois viu um êxodo em massa para a Europa Central, onde, por sua vez, houve uma diminuição drástica da população local. Seria possível que um patógeno introduzido pouco tempo antes tenha matado essas pessoas e que elas tenham sido substituídas por um grupo que já estava adaptado a ele? Há muitos indícios que sugerem que foi isso que aconteceu.

Depois que a jornada genética dos europeus se encerrou, há cerca de 3 mil anos, os patógenos prosseguiram assolando o continente até o século passado e continuam provocando o caos hoje em dia. Entender a evolução dessas criaturas minúsculas é e continuará sendo um grande desafio para arqueogeneticistas e para a comunidade médica. Os humanos podem até ser a espécie mais bem-sucedida e com a maior mobilidade na história do planeta, mas, em termos de desenvolvimento genético, os vírus e as bactérias estão no nosso encalço há milhares de anos. O que sabemos sobre a corrida entre os humanos e esses dois antagonistas – e sobre o que esse conhecimento pode nos trazer em relação às formas de resistir a eles – será detalhado neste livro, enquanto lutamos para entender como as nossas histórias genéticas compartilhadas e as nossas doenças nos transformaram nos seres humanos complexos, entrelaçados e resilientes que somos hoje.

TRABALHANDO COM NOSSOS DEDOS

O osso que apareceu na minha mesa no início deste capítulo foi encontrado por Anatoli Derevjanko, um dos arqueólogos mais renomados da Rússia. A equipe dele encontrou o osso de 70 mil anos na caverna Denisova, a uma altura de mais ou menos setecentos metros acima do nível do mar, nas Montanhas Altai. A cordilheira se encontra mais de 3.500 quilômetros a leste de Moscou, na fronteira da Rússia com a China, o Cazaquistão e a Mongólia, ou seja, no coração da Ásia Central. A caverna Denisova é não só um destino turístico popular, mas também um tesouro para cientistas que, com frequência, lá encontram ossos e vários artefatos feitos pelos humanos na Idade da Pedra. O clima siberiano nas Montanhas Altai é uma enorme vantagem, pois o frio preserva muito bem os achados. Quando visitei a região para encontrar Derevjanko com Svante Pääbo e alguns colegas em 2010, logo aprendi que os cristais de gelo começam a se formar na pele humana a 42 graus Celsius abaixo de zero.

No laboratório em Leipzig, o osso do dedo passou por processos que realizamos um zilhão de vezes. Fazemos um buraco minúsculo no osso e misturamos o pó de osso obtido com um fluido especial que nos permite extrair as moléculas de DNA. Não tínhamos muita margem para errar, pois só conseguimos extrair dez miligramas de pó de osso, o equivalente a uma migalha de pão. Achávamos que se tratava do osso de um ser humano moderno ou, talvez, de um neandertal. Mas aí a máquina de sequenciamento cuspiu os resultados. No início, eu não soube o que pensar: o DNA não pertencia a um ser humano moderno nem a um neandertal. Reuni a equipe às pressas para apresentar os resultados intrigantes. "Onde foi que eu errei?", perguntei. Juntos, analisamos os dados, vasculhando tudo várias vezes seguidas, até que finalmente percebemos que não havia nenhum erro. Mais tarde, quando liguei para o meu chefe, pedi a ele que se sentasse. "Svante, acho que encontramos o *Homo erectus*." O *Homo erectus* é o ancestral em comum entre os seres humanos modernos e os neandertais, e nenhuma parte do DNA dele tinha sido decodificada até então. Éramos os primeiros cientistas a fazer isso – ou assim eu pensava naquela época.

O QUE FOI QUE descobrimos no DNA do osso de dedo? Ele diferia do DNA mitocondrial do humano contemporâneo no dobro de posições que o mtDNA do neandertal difere do nosso. Isso só podia significar que o indivíduo da caverna Denisova já seguia um caminho evolucionário distinto dos neandertais por mais tempo que os neandertais e os seres humanos modernos. Nossos cálculos na época indicaram que duas linhagens separadas tinham se desenvolvido a partir do *Homo erectus* cerca de 1 milhão de anos atrás na África. A primeira gerou os neandertais e os seres humanos modernos; a segunda se desenvolveu no hominíneo denisovano na Ásia. Isso gerou uma reviravolta no conhecimento consagrado da pesquisa evolucionária, que incluía o "fato" de não existir nenhuma outra forma de hominíneo primitivo vivendo no planeta além dos neandertais e dos primeiros homens modernos há 70 mil anos.

OS DADOS TINHAM NOS levado a cometer um erro, mas ainda não sabíamos disso. Em março de 2010, quando publicamos nossos resultados pela primeira vez na revista *Nature*, que é o Santo Graal das revistas científicas, o mundo desabou sobre a minha cabeça. Eu ainda me lembro de várias equipes de filmagem nos seguindo pelo laboratório ao mesmo tempo. Durante uma semana, dei entrevistas ininterruptamente por telefone sobre a descoberta do "denisovano", como chamamos nosso homem primitivo. No entanto, depois de algumas semanas, começaram a questionar se os dados que tínhamos acabado de publicar estavam corretos. Em outras palavras, se a nossa interpretação dos dados estava errada.

AGORA SABEMOS QUE AS dúvidas sobre a nossa interpretação do DNA denisovano eram justificadas. A via pela qual conseguimos descobrir a história verdadeira – e não menos surpreendente – por trás dos dados é um exemplo de como a arqueogenética se desenvolveu rápido nos últimos anos e de como muitas certezas nesse campo acabam sendo derrubadas, mesmo as que parecem incontestáveis durante décadas. Nossa interpretação incorreta dos dados nos permitiu descobrir uma suposição falsa ainda maior. O DNA do hominíneo denisovano asiático nos deu – indiretamente, mas sem ambiguidade – uma visão totalmente diferente da colonização da Europa pelos humanos modernos. Descobrimos que os primeiros humanos modernos tinham se encontrado com os neandertais centenas de milhares de anos antes e tiveram relações sexuais com eles.

PARA RECONSTRUIR A LINHAGEM da menina denisovana para a publicação inicial, usamos o mtDNA. O DNA mitocondrial vem de uma organela que muitas vezes é chamada de "usina de energia" celular, e seu mtDNA constitui apenas uma fração minúscula do nosso genoma. Enquanto hoje em dia é padrão sequenciar o DNA nuclear – muito mais extenso e relevante –, antes de 2010 era comum usar o mtDNA, que era bem mais eficiente em termos de tempo e custos.[9] A desvantagem é que, embora o mtDNA seja adequado para estabelecer uma linhagem, ele pode não fornecer a história toda. Para começar, todos os seres humanos herdam o mtDNA exclusivamente da mãe. Além disso, a apenas cada 3 mil anos, em média, o mtDNA sofre uma mutação, que é passada para as gerações seguintes. Isso significa que, durante 3 mil anos, o mtDNA passado de geração para geração pela linhagem materna é idêntico.

SE COMPARARMOS O MTDNA de dois indivíduos, é possível determinar quando sua ancestral matrilinear em comum mais recente viveu – usando o relógio molecular. O mtDNA de todos os seres humanos modernos vivos pode ser rastreado até uma única ancestral feminina em comum, uma mãe pré-histórica. Ela viveu há cerca de 160 mil anos e é conhecida na literatura genética como "Eva mitocondrial". Também existe a sua contraparte, o "Adão cromossomial-Y", até o qual os cromossomos Y passados de pai para filho podem ser rastreados. No entanto, esse Adão viveu quase 200 mil anos antes da Eva mitocondrial, então podemos dizer com certeza que os dois não eram um casal.[10]

HAVIA UM MOTIVO SIMPLES para não querermos esperar os resultados do sequenciamento do DNA nuclear antes da publicação do primeiro artigo sobre os denisovanos. Anatoli Derevjanko também tinha mandado um pedaço do mesmo osso de dedo a outro laboratório além do nosso, e temíamos que os colegas publicassem antes de nós. Em circunstâncias normais, só apresentar o mtDNA não seria um problema, porque tanto o mtDNA quanto o DNA nuclear podem ser usados para reconstruir a história genética e contar a mesma história geral.[11] O DNA nuclear gera um conhecimento significativamente mais profundo que o mtDNA, mas geralmente não o contradiz. Porém, no caso da menina denisovana, foi isso que aconteceu. O DNA nuclear revelou uma história totalmente diferente. Os denisovanos não se ramificaram dos ancestrais em comum dos humanos modernos e dos neandertais – isto é, do *Homo erectus* –, mas muito posteriormente, da linhagem neandertal. Em outras palavras, os dados do DNA nuclear sugeriram que uma linhagem se separou inicialmente dos ancestrais dos homens modernos e depois se dividiu em neandertais e denisovanos. Os ancestrais dos neandertais foram para a Europa, e os outros, para a Ásia. Essa informação já era bem parecida com a que conhecemos hoje em dia, mas ainda havia uma surpresa, pela qual tivemos que esperar mais seis anos.

Essa contradição entre o mtDNA e o DNA nuclear foi explicada pela descoberta dos restos mortais de um humano primitivo em um sítio arqueológico no norte da Espanha chamado Sima de los Huesos (em português, "Abismo dos Ossos"). Uma análise genética feita pela equipe de Svante Pääbo em 2016 revelou que os ossos tinham cerca de 420 mil anos, e o DNA nuclear mostrou que eles pertenciam a um neandertal. A surpresa? Até então, considerava-se que não existiam neandertais na Europa naquela época. Todos os exames anteriores de ossos neandertais tinham concluído, com base no mtDNA, que esse tipo de hominíneo se ramificara dos nossos ancestrais na África havia no máximo 400 mil anos. O achado espanhol revelou que eles tinham chegado à Europa muito antes. Ficou claro que, em algum momento, houvera um erro nos cálculos.[12] A publicação também observou que o mtDNA do neandertal espanhol não correspondia ao mtDNA extraído de outros neandertais de épocas bem posteriores. Na verdade, ele se parecia muito com o mtDNA da menina denisovana. E essa foi a nossa prova definitiva de que o mtDNA dos neandertais mais recentes devia vir de uma fonte diferente e que os primeiros neandertais se pareciam com a menina denisovana.

A INTERPRETAÇÃO ERRÔNEA NA nossa primeira publicação sobre os denisovanos tinha ocorrido porque usamos como referência o mtDNA dos neandertais mais recentes, que era profundamente diferente do mtDNA dos primeiros neandertais – o DNA que se parecia mais com o dos denisovanos. Nossa hipótese agora é que os primeiros neandertais tinham incorporado um mtDNA diferente ao seu material genético em algum momento depois que o neandertal espanhol morreu – o mtDNA de uma das primeiras mulheres humanas modernas da África. Um dos primeiros neandertais da Europa ou do Oriente Próximo acasalou com essa mulher, resultando em um parentesco mais próximo entre os neandertais mais recentes e os humanos modernos. No entanto, os denisovanos da Ásia não se misturaram e, por isso, preservaram alguma semelhança com os primeiros neandertais no mtDNA e no DNA nuclear. Com essas novas informações, agora podíamos dar sentido à discrepância entre o mtDNA e o DNA nuclear. Só faltava ajustar a linha do tempo até então estabelecida da ancestralidade humana empurrando todas as datas de 100 mil a 200 mil anos para trás. Os neandertais e os denisovanos deviam ter se separado geneticamente meio milhão de anos atrás, não – como presumimos inicialmente – 300 mil anos atrás. Enquanto isso, a linhagem em comum entre neandertais e denisovanos deve ter se ramificado da linhagem dos humanos modernos cerca de 600 mil anos atrás, não 450 mil.

A DESCOBERTA DOS DENISOVANOS afetou não só a linha do tempo da história humana e o meu trabalho de cientista, como também os meus próprios sentimentos. Um dos motivos do meu interesse pelos homens primitivos é que, a poucas ruas da casa dos meus pais na minha cidade natal, Leinefelde, na região turingiana de Eichsfeld, nasceu Johann Carl Fuhlrott, que descobriu os neandertais. Quando eu era adolescente, Fuhlrott era um dos meus ídolos. Naquela época, eu nem sonhava que um dia também viria a descobrir um novo hominíneo, os denisovanos. Além disso, quais são as chances de duas formas hominíneas extintas que os humanos modernos encontraram ao sair da África e com as quais se misturaram serem descobertas por duas pessoas nascidas no mesmo povoado da Alemanha Oriental, mas com uma diferença de quase 200 anos? Mais surpreendente ainda, Johann Carl Fuhlrott e eu acabamos nos tornando professores na Universidade de Tübingen.

CAPÍTULO 2

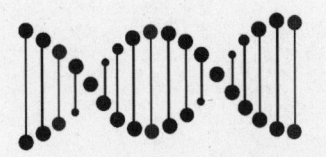

Os imigrantes tenazes

Todo mundo faz aquilo com todo mundo. De alguma forma, os homens primitivos se entendem. Os humanos modernos conquistam a Europa. Não há nenhuma chance de estabelecer uma residência permanente. Todos vão para o sul no inverno. Um reencontro surpreendente. Os caçadores têm olhos azuis.

Neandertais até cerca de 39 mil anos atrás

Dolní Věstonice
(27 mil anos atrás)

Primeiros homens modernos cerca de 42 mil anos atrás

Alpes

Pireneus

Neandertais até cerca de 38 mil anos atrás

Erupção vulcânica Campos Flégreos
(39 mil anos atrás)

Mar Mediterrâneo

Oceano Atlântico

Mar do Norte

Mar Báltico

Primeiros humanos modernos por mais de 300 mil anos

90000	80000	70000	60000	50000	40000	30000	20000

- Denny (híbrido de denisovano e neandertal)
- Começo da migração dos humanos modernos da África para o resto do mundo
- Ust'-Ishim
- Migração dos primeiros humanos modernos para a Europa
- Oase
- Erupção vulcânica Campos Flégreos
- Esqueleto de Markina Gora
- Enterro triplo em Dolní Věstonice
- Último Máximo Glacial

Os imigrantes tenazes

Ust'-Ishim ⊙ ⇒
(cerca de 42 mil anos atrás no Oblast de Omsk)

Primeiros humanos modernos

Kostenki ⊙
(38.500 anos atrás)

Cinzas

Caverna com Ossos
(42 mil anos atrás)

Cinzas

Cáucaso

Mar Cáspio

Mar Negro

Cordilheira de Zagros

Primeira expansão de homens modernos na Europa – 45 mil anos atrás (não existem descendentes genéticos)

Segunda expansão de homens modernos na Europa – 40 mil anos atrás (existem descendentes genéticos)

Primeiros humanos modernos cerca de 50 mil anos atrás

0 — 300 km

Primeiros humanos modernos

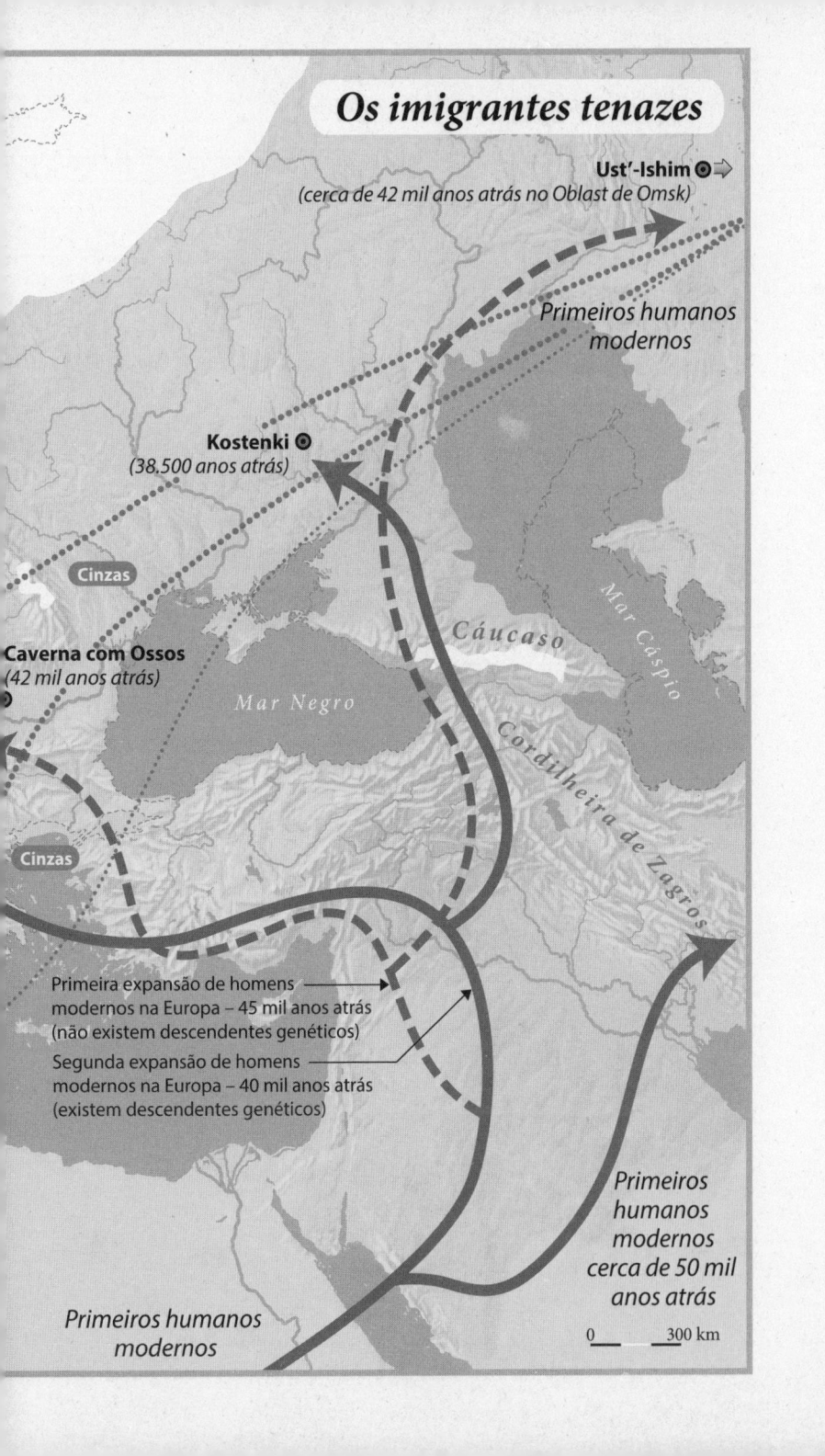

Sexo entre humanos primitivos

Durante muito tempo, só podíamos especular se diferentes tipos de humanos primitivos faziam sexo entre si, mas agora as evidências do DNA acabaram com o debate: os humanos modernos fizeram sexo tanto com neandertais quanto com denisovanos. E os neandertais também fizeram sexo com os denisovanos. Outra menina primitiva – que os cientistas apelidaram carinhosamente de Denny – foi analisada há pouco tempo pela equipe de Svante Pääbo, que descobriu que o genoma dela era resultado de uma união desse tipo: o pai era denisovano e a mãe era neandertal. Nossos primeiros ancestrais evidentemente eram muito abertos a novas amizades com outros tipos de humanos – o que não é motivo para surpresa, já que não havia muitas opções disponíveis.

Essa mistura já tinha ficado clara desde que o genoma dos neandertais fora decodificado. Em 2010, nossa comparação entre o genoma dos neandertais e o genoma dos humanos vivos mostrou que europeus, asiáticos e australianos carregam em seu genoma de 2% a 2,5% do DNA dos neandertais. Nosso estudo de Denisova gerou resultados semelhantes: os povos nativos contemporâneos da Papua-Nova Guiné e da Austrália – descendentes dos homens modernos que há dezenas de milhares de anos saíram da África e chegaram à região do Pacífico pela Ásia – têm 5% de genes denisovanos. Isso também apoiava ainda mais a teoria conhecida como Out of Africa (Saídos da África), de acordo com a qual os seres humanos surgiram na África e de lá saíram para conquistar o mundo. É por isso que encontramos o DNA dos neandertais nos genes dos povos que vivem fora da África, mas não nos povos da África subsaariana. Seus ancestrais nunca chegaram a encontrar nenhum outro tipo de hominíneo primitivo que conhecemos.

Portanto, não foi nenhuma surpresa quando, graças ao neandertal espanhol de 420 mil anos, conseguimos provar de forma indireta que seus descendentes tinham se misturado com os humanos modernos. Muito mais importante foi o insight que tivemos sobre as primeiras tentativas dos humanos modernos de se espalharem pela Europa. Comparando os genes dos primeiros neandertais com os dos mais recentes, conseguimos calcular que, em algum momento entre 400 mil e 220 mil anos atrás, os ancestrais dos humanos modernos devem ter chegado à Europa – embora, no começo, não tenham conseguido se firmar com solidez.[1]

SAÍDOS DA ÁFRICA

Há no mínimo 7 milhões de anos, na África, a linhagem dos nossos ancestrais que acabou levando aos humanos da atualidade se ramificou a partir da linhagem da qual surgiram os chimpanzés, que agora são nossos parentes vivos mais próximos. Como resultado, muitos hominíneos diferentes evoluíram, inclusive o *Ardipithecus* e o *Australopithecus*, de onde veio o famoso fóssil Lucy. Ela viveu na África há mais de 3 milhões de anos e era muito mais parecida com um chimpanzé do que com um humano moderno. Há mais ou menos 1,9 milhão de anos surgiu o *Homo erectus*. Em apenas algumas centenas de milhares de anos, esse hominíneo tinha se espalhado pela África e por grande parte da Eurásia, tornando-se o primeiro hominíneo primitivo a sair da África. Na Eurásia, o *Homo erectus* evoluiu ainda mais, e incluiu, em determinado estágio, o Homem de Pequim, mas depois entrou em extinção. Enquanto isso, na África, a linhagem que deu origem aos neandertais, aos denisovanos e aos humanos modernos evoluiu a partir do *Homo erectus* há pelo menos 600 mil anos.

Hoje em dia, ninguém mais duvida de que os ancestrais em comum de chimpanzés e humanos evoluíram na África. No entanto, até pouco tempo atrás, muitos cientistas discutiam (alguns ainda discutem) se a evolução do *Homo erectus* para o *Homo sapiens* acontecera somente na África. Até a década de 1990, o debate era dominado pela teoria do multirregionalismo, segundo a qual os seres humanos das diferentes regiões do mundo são descendentes diretos dos ancestrais da própria região: os europeus seriam descendentes dos neandertais; os africanos, do *Homo erectus* africano, que também é chamado de *Homo ergaster*; e os asiáticos, do Homem de Pequim, também conhecido como *Homo erectus* asiático. Em contrapartida, de acordo com a teoria Out of Africa, os humanos modernos evoluíram a partir do *Homo erectus* na África, que depois se expandiu para o mundo inteiro, expulsando todos os outros tipos de hominíneos primitivos de seus territórios, inclusive os neandertais e os denisovanos.

Durante décadas, defensores de ambos os posicionamentos debateram suas teses em conferências. Com o conhecimento que temos hoje a respeito do impacto genético dos neandertais sobre os europeus e dos denisovanos sobre os habitantes da Oceania, as duas teorias foram comprovadas, embora sua importância seja diferente. De 97% a 98% dos europeus descendem dos africanos, e de 2% a 2,5%, dos neandertais. Até 7% dos povos nativos da Austrália e da Papua-Nova Guiné são descendentes dos neandertais e dos denisovanos, e 93% descendem dos africanos. Só os habitantes da África subsaariana não se misturaram com outros tipos de humanos primitivos fora da África.

Os fósseis dos humanos modernos mais antigos têm de 160 mil a 200 mil anos e foram encontrados na Etiópia. No entanto, nenhum deles explica onde exatamente a linhagem dos neandertais e dos denisovanos se ramificou na linhagem dos humanos modernos. Durante muito tempo, acreditamos que a maior parte da evolução humana tinha acontecido na África Oriental, sobretudo porque a maioria dos ossos primitivos foi encontrada lá. Contudo, desde 2017, apareceram evidências de que a evolução humana também ocorreu em outras regiões da África, como quando o crânio de um dos primeiros humanos, que viveu há 300 mil anos, foi encontrado numa escavação no Marrocos. Essa descoberta anulou a ideia de que a África Oriental foi o único ponto de origem da humanidade. As complexas reviravoltas da evolução humana na África ainda devem ser um mistério por muito tempo; talvez esse enigma nunca seja solucionado. Mas hoje podemos dizer com certeza que todos nós temos raízes genéticas recentes na África.

O problema da consanguinidade

Os neandertais viviam numa faixa de terra entre a Península Ibérica e as Montanhas Altai, principalmente ao sul dos Alpes (no que hoje é o sul da França), mas também no Oriente Próximo. Infelizmente, hoje não é mais possível dizer quantos neandertais viviam na Europa em épocas específicas, mas o número escasso de ossos achados aponta para a existência de uma comunidade pequena e isolada por dezenas de milhares de anos.[2]

Esse isolamento claramente não foi autoimposto. Os neandertais tinham uma natureza altamente nômade; de outro modo, não teriam avançado até as Montanhas Altai. Mas eles viviam na Era do Gelo, e, ao longo de centenas de milhares de anos, geleiras vastas e intransponíveis se formavam de tempos em tempos. Na Europa e em grande parte da Ásia, as condições de vida eram radicalmente diferentes das condições na África, onde os humanos modernos estavam evoluindo mais ou menos na mesma época.[3] Muitos dos assentamentos dos neandertais eram isolados do mundo exterior, por isso eles se reproduziam com parentes, ocasionando o alastramento de mutações prejudiciais. Com opções de acasalamento tão escassas, é compreensível que eles aproveitassem todas as oportunidades para ampliar os horizontes e formar novos relacionamentos – até mesmo com outros tipos de hominíneos.[4] Mas a frequência desses encontros não deve ser superestimada. Como a Eurásia era escassamente povoada durante a Era do Gelo, encontrar um humano moderno numa incursão pela floresta deve ter sido como avistar um *yeti*. Mas esses encontros ocasionais às vezes resultavam em contatos sexuais que provavelmente eram violentos.

Ainda não sabemos ao certo se os humanos modernos conseguiam se comunicar com os neandertais. Com certeza os humanos modernos já tinham adquirido habilidades complexas de linguagem antes de sair da África.⁵ Mas, quando se trata dos neandertais, a ciência ainda não chegou a um consenso em relação a se e até que ponto eles conseguiam se expressar. É possível que eles se comunicassem de algum jeito, já que caçavam em grupo, e isso exige uma estratégia coordenada. A fisiologia dos neandertais também pode ter permitido que eles falassem. Um neandertal que viveu há cerca de 60 mil anos e era nativo do território que hoje é Israel tinha um osso hioide, importante para a fala, muito semelhante ao dos humanos modernos. Os ossos hioides dos chimpanzés, que têm um ancestral em comum com os neandertais e os humanos de 7 milhões de anos atrás, têm uma morfologia diferente desse osso. Isso significa que a competência linguística pode ter se desenvolvido depois da separação de chimpanzés e humanos e antes da separação dos neandertais.

Essa suposição é sustentada por um segmento chamado gene FOXP2, que aparece em uma versão quase idêntica nos neandertais. Ele às vezes é chamado de "gene da fala", apesar de os cientistas não acreditarem que isso exista. Peixes e camundongos também têm esse gene, mas não sabem falar. Mas sabemos que o gene FOXP2 tem um papel importante na capacidade de falar. Todos os indivíduos com um gene FOXP2 defeituoso perdem a habilidade da fala complexa. Assim como o osso hioide, o gene FOXP2 também se desenvolveu nos humanos *depois* da separação dos chimpanzés, mas não há diferenças significativas nesse gene entre os humanos modernos e os neandertais, o que sugere que os neandertais tinham pelo menos habilidades simples de linguagem.⁶

OS NEANDERTAIS NÃO FORAM EXTINTOS

Não há dúvida de que os neandertais eram humanos, e, do ponto de vista evolucionário, as diferenças genéticas entre eles e nós são ínfimas. Ainda assim, esses parentes próximos às vezes são classificados como uma espécie separada. A invenção do sistema de classificação das espécies aconteceu devido ao desejo humano de classificar fenômenos e se colocar acima do reino animal. A definição de "espécie" mais popular provavelmente é a seguinte: um grupo em que dois membros podem gerar descendentes férteis. Membros de diferentes espécies podem ser capazes se reproduzir, mas seus filhos não serão. O exemplo mais conhecido é a mula, o descendente estéril que resulta do cruzamento entre um burro e uma égua. Como os descendentes de neandertais e humanos eram claramente capazes de se reproduzir, não podemos classificá-los como espécies diferentes, segundo essa definição. O mesmo vale para os denisovanos. Apesar disso, outros conceitos de espécie, como as definições evolucionária, ecológica e filogenética, afirmam que humanos e neandertais pertenciam a espécies diferentes, apesar de as diferenças genéticas entre eles serem insignificantes. Por isso, consideramos mais adequado se referir aos neandertais como "um tipo de humano".

Uma questão intimamente ligada à classificação das espécies é se os neandertais foram extintos. Obviamente, não os vemos mais andando por aí, como se estivéssemos vivendo na Europa há dezenas de milhares de anos. Mas, se eles geraram descendentes férteis com os humanos modernos e se nós carregamos o DNA dos neandertais, pode-se dizer que eles simplesmente se fundiram a nós. Supondo que a população dos primeiros humanos modernos na Europa fosse cinquenta vezes maior que a dos neandertais, nosso material genético hoje reflete essa proporção de cinquenta para um. Alguns dos genes neandertais mais bem-sucedidos se espalharam mais, como os que afetam a imunidade. Alguns europeus e muitos asiáticos do sul, por exemplo, herdaram um gene que provoca uma reação imune muito mais forte à infecção pelo vírus da covid-19. Aqueles que carregam o gene neandertal têm uma probabilidade três vezes maior de morrer por causa desse novo vírus.

A Europa cai

Os humanos modernos saíram da África e foram para o norte pela primeira vez há no mínimo 200 mil anos. Mas durante centenas de milhares de anos eles não conseguiram estabelecer uma presença ampla. As análises de DNA descobriram evidências detalhadas de que pelo menos duas tentativas foram feitas há cerca de 45 mil anos. Em Ust'-Ishim, na Sibéria, 2.500 quilômetros a oeste de Moscou, foram desenterrados os ossos de um humano moderno cujos ancestrais tinham saído da África e ido para o norte. Um crânio de 40 mil anos descoberto na Caverna de Ossos, na Romênia, é considerado um dos primeiros humanos modernos já identificados na Europa. O crânio tem um formato incomum, e uma análise de 2015 revelou que ele pertencia a um humano híbrido com mais de 10% de DNA neandertal. No entanto, os ossos encontrados na Sibéria e na Romênia não pertenciam aos nossos ancestrais diretos. Esses primeiros humanos às vezes se reproduziam com neandertais, é claro, mas esses casos eram isolados. Durante muito tempo, os hominíneos eurasianos primitivos só se relacionaram entre si.

Então, cerca de 40 mil anos atrás, os primeiros humanos que viriam a ser nossos ancestrais diretos se espalharam pela Europa e pela Ásia. Os povos do Oriente Próximo e do Mar Negro encontraram o caminho que levava ao rio Danúbio e, de lá, à Europa Central. Muitos ciclistas sabem que hoje em dia é fácil viajar ao longo do Danúbio de bicicleta saindo do sul da Alemanha e chegando à Romênia. Há 40 mil anos, a jornada do delta do Danúbio até a Floresta Negra não era fácil, mas esse era um dos poucos corredores que davam acesso à Europa Central, que era quase toda isolada por enormes mantos de gelo. E valia a viagem. Além do gelo, havia muitas áreas de pastagens verdes que atraíam inúmeros mamutes, rinocerontes-lanudos e alces-gigantes, e todos faziam parte do cardápio dos neandertais e dos humanos modernos.

Essa primeira grande onda de migração dos humanos modernos para a Europa gerou uma transformação extraordinária. Os povos que viveram no que é conhecido como Período Aurignaciano, que recebeu esse nome por causa de artefatos antigos descobertos numa caverna em Aurignac, na França, eram artistas habilidosos. Eles esculpiam cavalos, pessoas e até criaturas híbridas fantásticas, como o Homem-leão encontrado na caverna de Hohlenstein-Stadel, nos Alpes Suábios. Confeccionavam flautas com ossos de aves e desenvolveram uma afeição específica pelas chamadas estatuetas de Vênus, sendo que a mais antiga, encontrada nos Alpes Suábios, tem apenas 6 centímetros de altura, mas foi esculpida com uma grande vulva e curvas destacadas que caracterizaram essas estátuas ao longo de vários milênios posteriores.

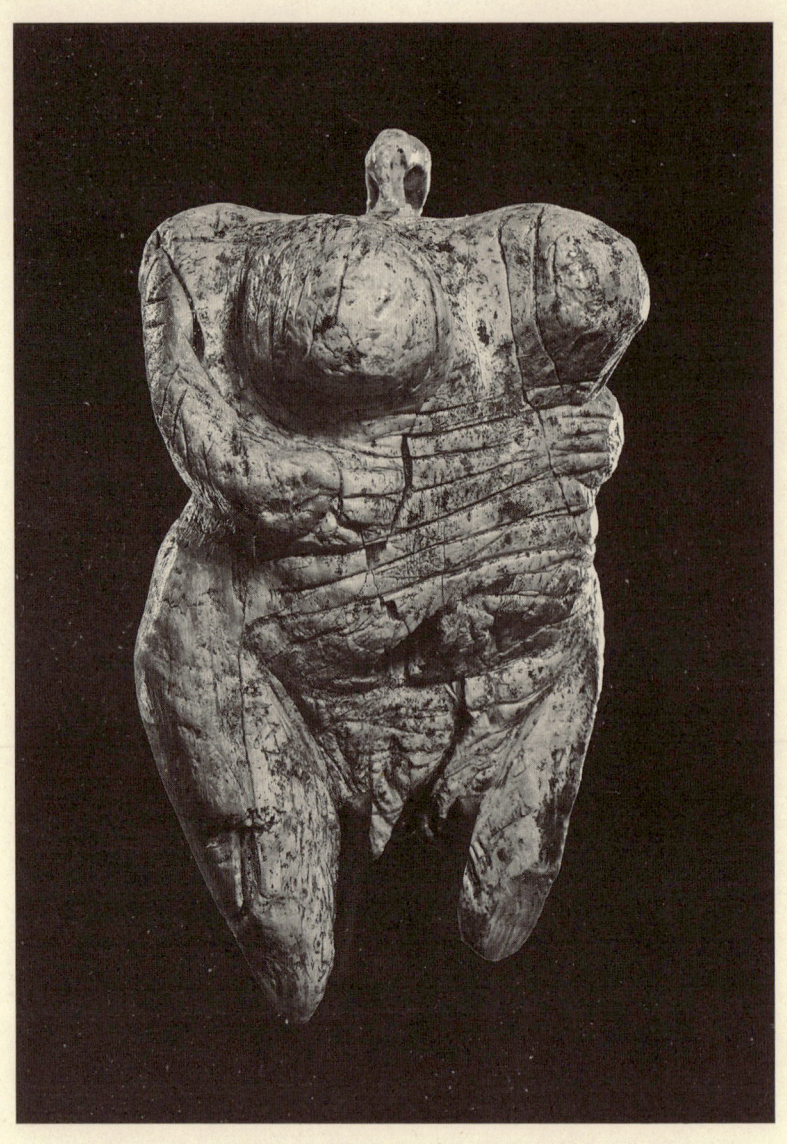

Os europeus da Idade da Pedra amavam as estatuetas de Vênus. A Vênus de Hohle Fels foi esculpida a partir do marfim de um mamute, de 35 mil a 40 mil anos atrás, nos Alpes Suábios.

O Homem-leão, com cerca de 35 mil a 41 mil anos, é uma das obras de arte mais antigas conhecidas pela humanidade. Ele foi encontrado em Hohlenstein-Stadel, nos Alpes Suábios, e foi feito a partir do marfim de um mamute.

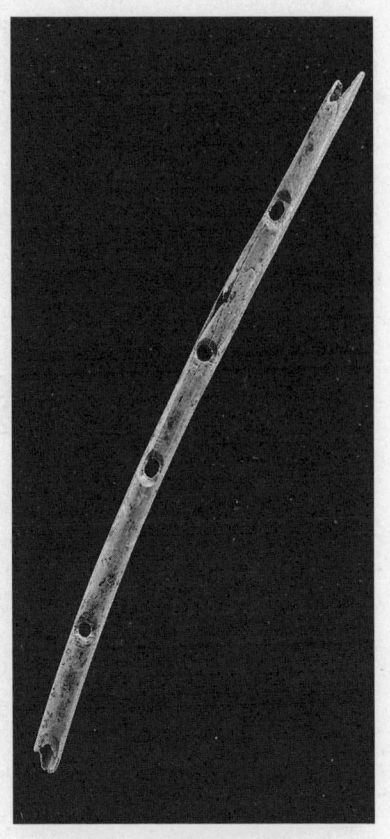

Concertos em cavernas: os humanos em Hohle Fels, uma caverna na Alemanha, confeccionaram uma flauta com o osso de uma ave há pelo menos 35 mil anos. É o instrumento musical mais antigo descoberto até hoje.

Não sabemos como os aurignacianos deram esse enorme salto no desenvolvimento da arte e da cultura que marcaria os 10 mil anos seguintes. Qualquer pessoa que conheça o inverno da Europa Central pode imaginar que devia ser um tédio absurdo para os nossos ancestrais quando eles ficavam restritos às cavernas durante meses para se proteger do frio. Alguns arqueólogos acham que os artistas habilidosos tinham mais chances com o sexo oposto, o que inspirou a competição artística e a inovação. Qualquer que tenha sido o motivo para essa florescência cultural, os aurignacianos estabeleceram novos padrões artísticos.

FUGA E CAÇA

Em comparação com nossos parentes mais próximos – os chimpanzés –, nós, seres humanos, somos péssimos escaladores. Os pés e as mãos dos macacos são perfeitamente adaptados para subir em árvores, onde encontram alimento, um lugar para dormir e proteção contra ataques. A partir do momento em que os humanos primitivos e os chimpanzés se separaram, aos poucos os humanos foram perdendo essas habilidades, de modo que os nossos ancestrais desenvolveram novas habilidades para substituí-las. No lugar das mãos fortes, por exemplo, temos mãos delicadas que conseguem confeccionar ferramentas e armas. Mas o verdadeiro avanço evolutivo foi quando começamos a andar eretos.

Se pensarmos que a evolução tem um propósito consciente (o que ela não tem), esse foi um experimento ousado. Caminhar com duas pernas exige mais energia do que andar com quatro patas, como um macaco. Mas o mesmo não acontece quando se trata de corrida: ao correr, os humanos consomem mais ou menos a mesma energia que gastam quando caminham. Há cerca de 1,9 milhão de anos, dar esse passo evolutivo para correr de forma eficiente fazia muito sentido. A paisagem da África mudou de maneira drástica. Áreas florestais se transformaram em savanas, nas quais cresciam sobretudo as gramíneas. Havia menos árvores para escalar e, por isso, os humanos tinham mais motivos para manter a cabeça erguida acima da grama – para avistar os predadores a tempo, por exemplo. Ao contrário de outros tipos de humanos que não andavam tão eretos (e que posteriormente entraram em extinção), o *Homo erectus* conseguiu se adaptar muito bem à savana. Por outro lado, os chimpanzés e os humanos escaladores provavelmente continuaram vivendo nas selvas que cobriam grande parte da África – onde os escaladores habilidosos sempre tiveram vantagem.

O andar ereto possibilitou ao *Homo erectus* uma estratégia de caça inteiramente nova, que exigiu mais algumas mutações, como a perda sucessiva de pelos. O *Homo erectus* agora conseguia percorrer distâncias quase ilimitadas sem superaquecer, se tornando um campeão no atletismo de resistência. Para eles, deve ter sido fácil rastrear e matar as presas nas grandes extensões da savana. Uma gazela consegue ser muito rápida, mas não por períodos prolongados, como acontece com a maioria dos mamíferos. Os animais entram em colapso depois de percorrerem distâncias relativamente curtas: um cavalo, por exemplo, consegue galopar por no máximo 40 quilômetros. Os primeiros homens simplesmente perseguiam as presas até elas não conseguirem mais continuar. No fim, eles só precisavam de uma pedra para matar a criatura exausta.

A capacidade de correr por longas distâncias também era muito útil no sentido inverso, quando os humanos tinham que fugir de alguma coisa, como um desastre natural.

Até a inteligência humana provavelmente é uma consequência direta do andar ereto, porque a mudança para o consumo de gordura animal e proteínas possibilitou que os humanos desenvolvessem um órgão que consome grandes quantidades de energia. Nos humanos modernos, o cérebro consome cerca de um quarto da energia do corpo, embora constitua apenas 2% do peso corporal de uma pessoa. Foram esses cérebros poderosos que permitiram que os seres humanos colonizassem o mundo inteiro e chegassem à Lua. Esse salto evolutivo é mensurável: o cérebro dos chimpanzés não chega a pesar 400 gramas, enquanto o cérebro humano pesa pelo menos três vezes mais.

Chuva ácida num horizonte escuro

Os humanos modernos escolheram um péssimo momento para sair do calor da África para o frio da Europa. O clima europeu já estava esfriando, até atingir o que os cientistas chamam de Último Máximo Glacial, um período que começou há 24 mil anos e chegou gradualmente ao fim há 18 mil anos. A última Era do Gelo dificultou a vida dos humanos na Europa Central. A temperatura caiu ainda mais com a erupção do supervulcão nos Campos Flégreos, próximo ao Vesúvio, em uma explosão de proporções apocalípticas há cerca de 39 mil anos. As cinzas se espalharam para o leste, atravessaram os Bálcãs e alcançaram o interior do que hoje é a Rússia. Em alguns lugares, a camada de cinzas chegou a ter vários metros de espessura. As cinzas na atmosfera bloquearam a luz solar e diminuíram a temperatura global média; os geólogos estimam uma queda de até 4 graus Celsius. A vegetação em grandes partes da Europa deve ter desaparecido por muitos anos, e a água potável deve ter sido contaminada pela precipitação das cinzas. Hoje em dia, a região ao redor dos Campos Flégreos – que inclui Nápoles – é considerada uma das áreas vulcânicas mais perigosas do mundo, e alguns geólogos acreditam que possa haver outra grande erupção nos próximos séculos.

As condições de vida na Europa já eram difíceis, mas de repente se tornaram mortais. A erupção vulcânica deve ter sido o golpe final nos neandertais, que já estavam em retirada antes das ondas de recém-chegados da África e habitavam principalmente a Europa Ocidental. Outras catástrofes naturais também podem ter contribuído para o desaparecimento deles.

De qualquer maneira, quer tenham morrido ou sido absorvidos pela população de humanos modernos, os últimos neandertais da Europa desapareceram há cerca de 39 mil anos.

A imensa erupção vulcânica acabou sendo uma grande vantagem para a ciência, porque as cinzas preservaram um dos espécimes mais antigos dos humanos, cujos componentes genéticos podem ser encontrados nos europeus contemporâneos. Depois de decodificadas as informações genéticas desse humano primitivo, hoje em dia sabemos que os aurignacianos estavam entre os nossos ancestrais diretos. Os ossos foram escavados nas cinzas do vulcão perto de Kostenki, no oeste da Rússia, e tinham sido enterrados ali pouco depois da erupção do vulcão. Em 2009, consegui decodificar pela primeira vez o mtDNA completo desse humano da Era do Gelo moderna. Os objetos enterrados com o homem, apelidado de "Markina Gora", indicavam que ele devia pertencer à cultura aurignaciana. O fato de estar enterrado intencionalmente em cinzas vulcânicas indica que ele deve ter sobrevivido à erupção do vulcão, pois, do contrário, só haveria uma camada de cinzas sobre ele.[7]

A Europa estava no meio de uma crise genética. A Era do Gelo se intensificou, e a população aurignaciana diminuiu. O declínio coincidiu com uma diminuição extrema da fauna europeia: há cerca de 36 mil anos, os animais da Europa passaram por uma estranha extinção em massa. O mamute, o bisão-europeu, o lobo e o urso-das-cavernas foram afetados. As hienas desapareceram sem deixar nenhum vestígio. No lugar delas apareceram seus parentes do leste da Europa e do norte da Ásia – e, com os novos animais, vieram novos povos. A última evidência dos aurignacianos na Europa Central data de 32 mil anos atrás.

Os novos habitantes humanos, conhecidos como gravetianos, deram início a uma nova era. Assim como os aurignacianos, esses novos imigrantes eram caçadores de animais de grande porte, mas pareciam ser muito mais adaptados ao clima cada vez mais frio do que os seus predecessores.[8] Sabemos que eles vieram do leste, mas não se sabe ao certo sua origem exata. Um dos túmulos mais famosos dos gravetianos foi encontrado em 1986, em Dolní Věstonice, no sudeste da República Checa. Era um túmulo triplo, um dos poucos do Paleolítico Superior, e os três esqueletos estavam arrumados de um jeito simbólico e intrigante: enterrados cerca de 27 mil anos atrás sob uma escápula de mamute, muitos arqueólogos acharam que aquele parecia o sepultamento de um trio romântico. Os três estavam posicionados bem próximos, com as mãos do corpo à esquerda apoiadas na virilha do corpo no meio, cuja mão, por sua vez, tocava na mão do corpo à direita. Isso dificilmente teria acontecido por acaso, porque era óbvio que eles tinham sido preparados para o enterro: os rostos tinham sido cobertos com barro e vários itens sepulcrais foram encontrados no túmulo, inclusive perto da virilha do corpo no meio.

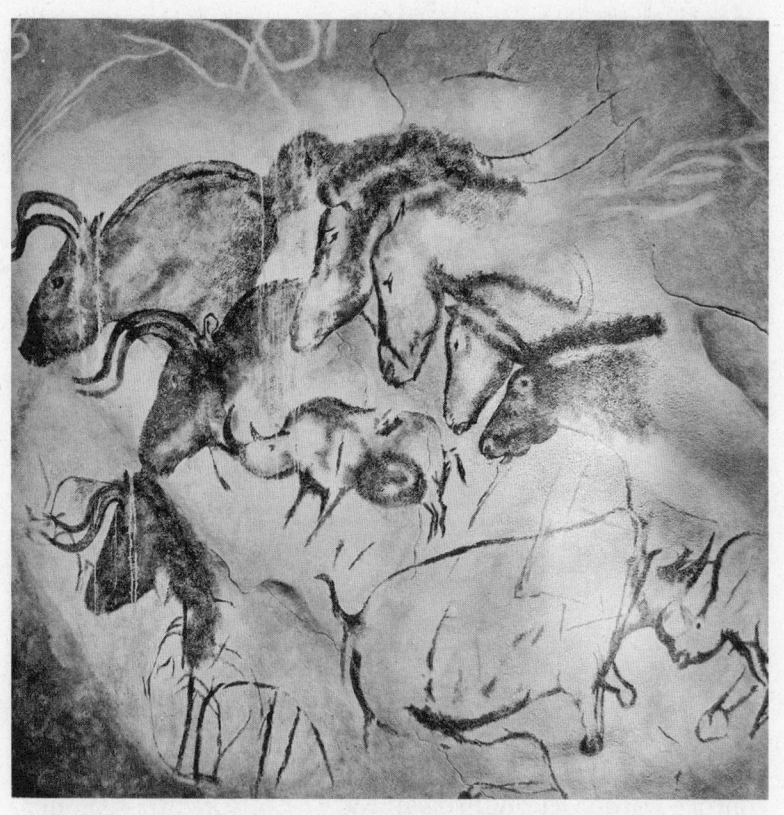

Uma das incontáveis pinturas rupestres na caverna de Chauvet, no sul da França. Ela mostra auroques, cavalos e rinocerontes-lanudos. Essa impressionante galeria de arte foi criada de 37 mil a 28 mil anos atrás.

Tudo isso ficou evidente para os arqueólogos assim que eles escavaram o sítio. A verdadeira incerteza era relacionada ao gênero do indivíduo do meio. Essa pessoa sofria de uma doença óssea que tornou impossível determinar seu sexo anatomicamente, como foi feito com os outros dois corpos, ambos do sexo masculino. Por causa do simbolismo e do posicionamento, a maioria dos especialistas considerou que o corpo do meio era de uma mulher – uma interpretação que refutamos usando o sequenciamento do DNA em 2016. Evidentemente, isso não significa que os três não formassem um triângulo amoroso; eles apenas não eram do tipo que tinha sido considerado antes. Além do mais, o homem à esquerda e o homem à direita do que tinha a doença óssea eram irmãos – ou pelo menos meio-irmãos, como revelou o mtDNA. Eles compartilhavam material genético com povos desde o oeste da França até o norte da Itália e o oeste da Rússia. O túmulo triplo demonstra características do avançado nível artístico e do senso de simbolismo dos objetos descobertos durante a era gravetiana. Os gravetianos eram famosos pelas suas joias e pinturas rupestres, mas também continuaram a tradição de esculpir estatuetas de Vênus. Por causa de sua história de quase 10 mil anos, podemos considerar que os gravetianos foram os primeiros colonizadores mais bem-sucedidos da Europa, mas nem eles tiveram a menor chance contra a Era do Gelo, que só piorava.

Uma ponte para o leste

O Último Máximo Glacial extinguiu tudo na Europa Central. Durante 6 mil anos, o gelo impediu que houvesse qualquer forma de vida. Pelos genes que prevaleceram na Europa depois dessa fase de frio extremo, conseguimos deduzir o que aconteceu com os povos que tinham colonizado o continente antes.

Parece certo que os gravetianos desapareceram para sempre; pelo menos não existem evidências que provem o contrário no material genético dos europeus contemporâneos. No entanto, seus predecessores, os aurignacianos, aparentemente conseguiram fugir para a Península Ibérica, onde encontraram um refúgio do inverno eterno. Não existem dados genéticos dessa região durante o Último Máximo Glacial, mas temos alguns dados do que aconteceu depois. Esses dados mostram que os povos que viviam na Espanha atual há 18 mil anos carregavam o mesmo material genético que encontramos nos aurignacianos. Por isso, parece razoável supor que eles recuaram para o sudoeste da Europa cerca de 32 mil anos atrás para escapar do frio cada vez mais agressivo. A glaciação dos Pirineus separou o novo lar deles do restante da Europa, impossibilitando a troca genética entre os aurignacianos e outros povos. Eles descobriram que a rota para o sul também estava obstruída. Eles podiam ver a África do outro lado do Estreito de Gibraltar, mas não conseguiam chegar à costa distante, pois não tinham conhecimento técnico nem aptidão física suficientes para atravessar a distância de 14 quilômetros (calculada segundo o nível do mar atual), principalmente por causa das poderosas correntezas.[9]

Embora a realocação de alguns aurignacianos para o sudoeste signifique que os genes deles sobreviveram, nem todos os membros dessa população conseguiram escapar do frio. É seguro afirmar que as temperaturas congelantes na Europa Central mataram a maioria dos habitantes da região. Mas a história dos aurignacianos continuou, e seus genes perduram até hoje. No fim da mega Era do Gelo, há cerca de 18 mil anos, eles voltaram para a Europa Central, onde análises genéticas e achados arqueológicos mostram que eles se encontraram e se misturaram com outros grupos vindos da região dos Bálcãs.

Ainda não podemos dizer muito sobre os genes dos povos que viviam nos Bálcãs naquela época; nenhum osso utilizável foi encontrado. Mas sabemos que eles contribuíram com o DNA europeu, um fato que desconcertou os cientistas até pouco tempo. A parte confusa é que os imigrantes do sudeste carregavam em si um componente genético que hoje é encontrado em pessoas que vivem na Anatólia. Parecia razoável concluir que eles se originaram na Anatólia antes de se estabelecerem nos Bálcãs e depois avançaram em direção à Europa Central depois do Último Máximo Glacial. Só que não havia nenhuma evidência arqueológica para apoiar essa hipótese. Só conseguimos explicar o que deve ter acontecido de fato quando sequenciamos os caçadores-coletores anatolianos em 2018. Os anatolianos não levaram seus genes para a Europa; foram os habitantes dos Bálcãs que levaram os deles para a Anatólia enquanto se espalhavam para o leste *antes* da mega Era do Gelo, se misturando com os povos locais pelo caminho. Esses genes se derramaram como uma onda dos Bálcãs sobre a Anatólia até a África. Os turcos e curdos de hoje, assim como os norte-africanos, compartilham esses componentes genéticos dos Bálcãs com os centro-europeus. Esses imigrantes misteriosos dos Bálcãs são ancestrais em comum de todos esses grupos, se alastrando por países e continentes contemporâneos.

Nos três milênios seguintes na Europa, essas populações geneticamente diferentes da Península Ibérica e dos Bálcãs se misturaram e viraram um grupo mais ou menos homogêneo em relação aos genes. Só recentemente conseguimos rastrear a conexão genética entre a Europa e a Anatólia durante esse período. Durante milhares de anos, caçadores-coletores de olhos azuis, pele escura e muito avançados tecnologicamente dominaram o continente europeu. Geneticamente, essa população tinha uma relação mais próxima do que nunca. O desaparecimento das barreiras da Era do Gelo deu uma mobilidade maior aos humanos, iniciando um processo de troca social ativa que, no fim, se deteriorou e formou um *pool* genético muito homogêneo. Com o derretimento do gelo, as diferenças e as distâncias entre os humanos do mundo todo também estavam desaparecendo. Ao longo dos três milênios seguintes, conforme o gelo derretia e as barreiras se tornavam menos significativas, a mobilidade das pessoas aumentou, dando início a um processo de troca social ativa. O clima agradável atraía os recém-chegados, e a nova grande onda de imigração estava prestes a acontecer: a história genética da Europa estava engatando uma nova marcha.

CAPÍTULO 3

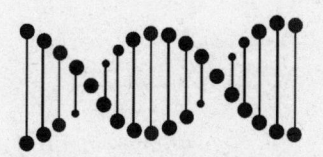

Os imigrantes são o futuro

O aquecimento global empurra os seres humanos para o norte. Antigamente, todo mundo era mais saudável. Dois filhos são suficientes. Os agricultores da Suábia vieram da Anatólia. A pele clara aumenta a chance de sobrevivência. A rota dos Bálcãs é bem-sucedida. Caçadores em retirada.

Mar do Norte

Oceano Atlântico

Mar Báltico

Caçadores-coletores escandinavos

Cerca de 6.200 anos atrás

Bad Dürrenberg cerca de 8 mil anos atrás

Caçadores-coletores ocidentais

Cultura da Cerâmica Linear cerca de 7.500 anos atrás

Alpes

Cultura Starčevo cerca de 8.500 anos atrás

Pireneus

Caçadores-coletores ibéricos

Cultura Cardial cerca de 7.500 anos atrás

Mar Mediterrâneo

16 000	14 000		10 000	9500	9000	8500	8000	7500	7000	6500	6000 anos atrás
		Dryas Recente	Göbekli Tepe			Cultura Starčevo (com os primeiros agricultores da Europa)		Cerâmica Linear: os primeiros agricultores da Europa Ocidental			Cultura do Vaso de Funil (primeiros agricultores escandinavos)
			A agricultura se desenvolve no Crescente Fértil								
		Natufianos no Oriente Próximo					Xamã de Bad Dürrenberg		Primeira agricultora de Stuttgart		
	Interestadial Bølling-Allerød Os humanos modernos ressurgem dos Bálcãs e da Península Ibérica										

Os imigrantes são o futuro

Caçadores-coletores orientais

Cerca de 7.500 anos atrás

Mar Negro

Cáucaso

Mar Cáspio

Primeiros agricultores

Cordilheira de Zagros

Cerca de 9 mil anos atrás

Montes Tauro

Göbekli Tepe
⊙ cerca de 11 mil anos atrás

Crescente Fértil

Primeiros agricultores

Mar Mediterrâneo

Natufianos cerca de 14 mil anos atrás

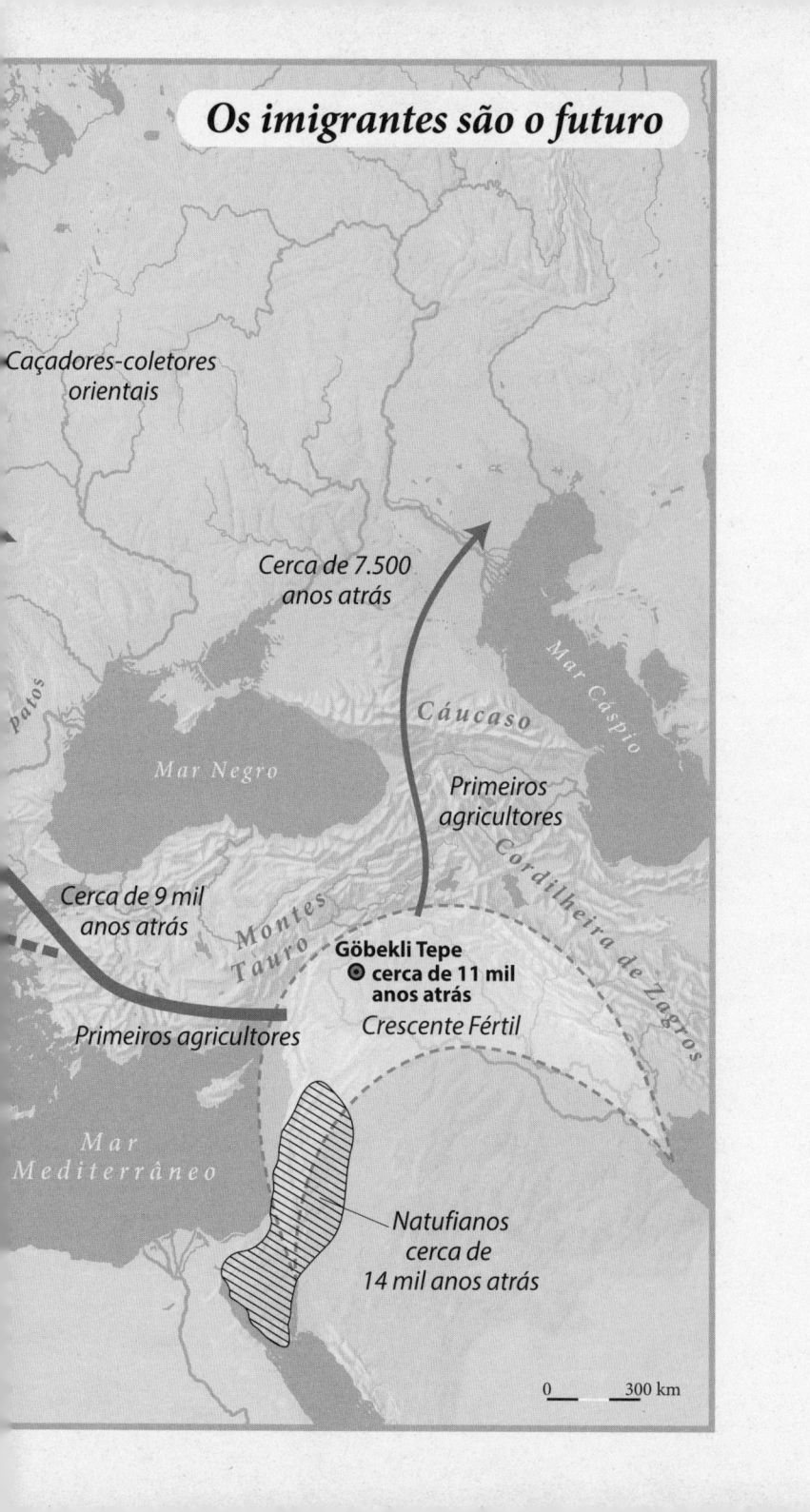

0 — 300 km

Um lugar ao sol

Desde o começo, o clima global teve um impacto decisivo na história da migração na Europa. As ondas de recém-chegados encontraram um continente extremamente gelado. O Pleistoceno, popularmente conhecido como Era do Gelo, começou há cerca de 2,4 milhões de anos e, na maior parte do tempo, as condições no hemisfério norte – inclusive grandes partes da Itália e da Espanha de hoje – eram extremamente inóspitas. Vários intervalos interglaciais ocorreram, ou seja, períodos de milênios em que o clima esquentava e as temperaturas médias às vezes ficavam acima das atuais, mas, nas fases mais frias, o *permafrost* começou a se formar ao norte dos Alpes, e grandes massas de gelo se assomavam ao longo da costa norte da Península Ibérica.

Quando o Último Máximo Glacial terminou, há 18 mil anos, e o aumento das temperaturas tornou a Europa Central habitável de novo, os povos voltaram de seus refúgios no sul. Como aconteceu nos três períodos interglaciais anteriores, as temperaturas do continente aumentaram aos poucos no início e depois, há cerca de 15 mil anos, de forma acelerada. Conhecido como Interestadial Bølling-Allerød, o clima temperado desse período permitiu que os humanos se espalhassem por toda a Europa. Então, há cerca de 12.900 anos, a Europa e o norte da Ásia passaram por uma mudança climática tão abrupta que deve ter sido perceptível ao longo do tempo de vida de um único ser humano. Em algumas partes da Europa, as temperaturas médias caíram incríveis 12 graus Celsius em cinquenta anos. Um frio implacável se instalou, e podemos supor que a população tenha encolhido drasticamente mais uma vez, depois de um breve florescer. Essa curta Era do Gelo é conhecida como Dryas Recente. Ainda não sabemos o que a provocou. Alguns acham que o período anterior de aquecimento derreteu barreiras de gelo no Atlântico Norte e derramou no oceano a água gelada de um gigantesco lago da América do Norte. Isso pode ter alterado a Corrente do Golfo – a corrente marítima que há muito tempo mantém as temperaturas brandas no noroeste da Europa.

A Europa só conseguiu ter temperaturas mais quentes há 11.700 anos. No início do Holoceno, o período de calor que ainda estamos vivendo hoje, as temperaturas finalmente se estabilizaram. Embora, a princípio, o Holoceno não seja diferente das primeiras fases mais quentes que ocorreram em intervalos regulares nos últimos 2,4 milhões de anos, a Era do Gelo tinha acabado, pelo menos da perspectiva humana. De acordo com essa visão, o Holoceno – que agora já dura quase 12 mil anos – será substituído pela próxima Era do Gelo após uma lenta queda de temperatura. Isso, vale notar, não anula a ameaça existencial da mudança climática provocada pelos humanos.

De qualquer forma, o início do Holoceno foi, antes de tudo, um feliz acaso para a humanidade, dando início a um processo de transformação radical que teria efeitos profundos na evolução humana, comparáveis ao desenvolvimento da nossa capacidade de andar ereto. No entanto, o berço do progresso não estava na Europa, mas no Oriente Próximo, onde o clima era significativamente mais quente do que no norte. Os caçadores-coletores da região começaram a plantar e a criar animais, e a população que era nômade se tornou sedentária, dando início ao período Neolítico.

MUDANÇA CLIMÁTICA ANTES E AGORA

O aquecimento global sempre impulsionou as migrações. Nos últimos 10 mil anos, ele possibilitou a construção de uma civilização europeia que influenciou boa parte do mundo. A onda migratória que poderá ser disparada pela atual mudança climática vai se mover na mesma direção que a nossa história, do sul para o norte, mas com uma diferença. Embora o processo natural de aquecimento global há 10 mil anos tenha facilitado a expansão da humanidade, a mudança climática provocada pelos seres humanos vai obrigar as pessoas a *fugir* dela. O atual processo de aquecimento global pode ser insignificante da perspectiva da história do mundo, mas para a nossa sociedade global é um desafio sem precedentes.

As razões para isso estão no próprio Holoceno. Ele permitiu que a população crescesse sem parar: de acordo com estimativas atuais, em 2050 alcançaremos a marca de 10 bilhões. Isso não só aumentará a emissão de gases de efeito estufa como estimulará o crescimento das megametrópoles, cuja maioria (por razões infraestruturais) foi construída em regiões costeiras e especificamente na região do Pacífico no Sudeste Asiático. O aumento do nível do mar poderá deixar centenas de milhões de pessoas desabrigadas. A África deve passar por um processo semelhante: até 2050, sua população deve aumentar 50%, chegando a cerca de 2 bilhões de habitantes, mas as secas cada vez mais frequentes podem tornar os meios de subsistência impossíveis para mais e mais pessoas. A pressão da migração no hemisfério norte, que tem uma massa terrestre significativamente maior, já pode ser sentida e não dá sinais de que vai cessar. Aquecimento global significa que grandes territórios ao norte da Eurásia e do Canadá em breve poderão acomodar mais pessoas conforme os solos *permafrost* que estão descongelando se transformarem em terra arável que poderá ser usada para alimentar mais pessoas. Mas o gás metano liberado dos solos nesse processo de descongelamento aqueceria ainda mais o clima.

Se considerarmos apenas a área habitável adquirida pela mudança climática, o aquecimento global parece uma vantagem – mas não temos como prever os desentendimentos políticos e os conflitos que as migrações resultantes podem provocar. Ou, melhor, preferimos não pensar nisso. O mesmo se aplica a um cenário alternativo: o fim do Holoceno e o início de uma nova Era do Gelo. Todos os dados climáticos dos últimos períodos interglaciais indicam que tudo ao norte dos Alpes rapidamente impossibilitaria a agricultura. Os europeus, incapazes de se alimentar, seriam forçados a migrar para o sul. Com quase 750 milhões de europeus chegando a uma África já densamente povoada, parece difícil imaginar que esse cenário não apresentaria algum conflito. Essa perspectiva está a muitos milhares de anos no futuro; o Holoceno ainda deve durar pelo menos até lá. Outra teoria sugere que o aquecimento global provocado pelos humanos pode até impedir a próxima Era do Gelo. Por isso muitos geólogos e cientistas especializados em clima abandonaram os termos "Pleistoceno" ou "Holoceno" para se referir ao nosso período e o chamam de "Antropoceno" – a era da humanidade.

Uma vida simples na natureza

Depois que a Europa começou a esquentar, há 11.700 anos, os caçadores-coletores continuaram a moldar o continente. Caçar e coletar não foram só uma fase histórica: são a natureza humana. Durante milhões de anos, desde que começamos a andar eretos, usando ferramentas para caçar e compensando a nossa inferioridade física com o desenvolvimento de um cérebro cada vez mais poderoso, temos otimizado a nossa estratégia de sobrevivência. Os humanos faziam o que somos feitos para fazer e transmitiam nossas habilidades e nossos conhecimentos – aprimorados pela evolução – aos descendentes. Atualmente, com exceção de uma quantidade ínfima de populações de caçadores-coletores, cujo estilo de vida muito provavelmente deixará de existir num futuro próximo, a maior parte desse conhecimento se perdeu – e em breve ele se perderá por completo. Para a maioria dos europeus contemporâneos, uma excursão de duas semanas no mundo selvagem sem os recursos da civilização seria mortal. O velho instinto de caça ainda pode estar enterrado em algum lugar, mas a maioria das pessoas hoje recusaria se alguém lhe pedisse que pegasse uma galinha com as mãos.

Os caçadores da Idade da Pedra usavam arpões e lanças de madeira. Mais tarde vieram os propulsores, depois o arco e a flecha, e os artesãos demonstraram uma habilidade notável no manuseio de materiais em escala tanto grande quanto pequena. Eles faziam ferramentas com pedras e as usavam para derrubar árvores, mas também confeccionavam facas delicadas e pontas de flechas mortíferas. As joias, que existem na Europa desde a chegada dos humanos modernos, se tornaram cada vez mais elaboradas e detalhadas, incorporando conchas, penas, dentes de animais, peles e pequenas galhadas, além de pigmentos.

Uma imagem especialmente impressionante da vida – e da

morte – contemporânea é oferecida por um cemitério no município de Bad Dürrenberg, no centro da Alemanha, que já foi minuciosamente escavado e explorado. Era o local de descanso final de uma mulher com cerca de 25 anos, que mais ou menos 8 mil anos atrás foi enterrada sentada – e com um bebê no colo, que evidentemente morreu ao mesmo tempo que ela. Os corpos estavam cercados de vários produtos animais, inclusive uma galhada de veado. Um pigmento vermelho e uma espécie de pincel primitivo também foram enterrados com eles, e os arqueólogos acharam que era uma forma primitiva de batom. Por conta de sua aparência extravagante, a morta ficou conhecida como "xamã de Bad Dürrenberg". Assim como outros cemitérios do Mesolítico, que começou há cerca de 11.700 anos, o túmulo é testemunha da complexidade da cultura dos caçadores-coletores na Europa Central. Eles valorizavam a estética e evidentemente tinham crenças religiosas, senão os mortos não teriam sido enterrados com presentes. Nos túmulos também foram encontrados alimentos, o que sugere que eles imaginavam que os mortos pudessem precisar de provisões e indica a crença na vida após a morte.

Em uma Europa cada vez mais quente, a comida não era escassa. A dieta da Idade da Pedra consistia em carne de animais que podiam ser encontrados vagando pelas florestas e estepes, além de peixes, e também em tubérculos, ovos de aves, cogumelos, gramíneas, raízes e folhas. No outono, armazenava-se comida para o inverno. Pela observação das populações de caçadores-coletores da atualidade, sabemos que, em média, eles gastam apenas de duas a quatro horas por dia para assegurar a própria sobrevivência. Os primeiros europeus levavam uma vida simples, possuindo apenas o que carregavam no corpo. Quando viajavam, eles deixavam para trás os abrigos improvisados e até mesmo as ferramentas, que eram fáceis de fazer;

Essa pode ter sido a aparência da xamã de Bad Dürrenberg, na Alemanha. Ela era uma importante representante do Mesolítico, que começou há 11.700 anos na Europa, e provavelmente morreu por causa de uma infecção.

eles podiam fazer outras, se precisassem. Era possível encontrar pedras em toda parte, assim como madeira. Dito isso, embora os caçadores-coletores estivessem sempre em movimento, eles voltavam aos acampamentos-base sazonais. Em territórios que podiam ser percorridos em cerca de duas horas de caminhada, eles caçavam e coletavam alimentos. Se não houvesse mais nada para encontrar, eles diversificavam a dieta, comiam menos ou decidiam partir. Conforme o clima foi esfriando, eles rumaram para o sul, onde havia mais alimentos.

Os crânios dos caçadores-coletores mais idosos são notáveis pelos seus dentes brancos e praticamente impecáveis. Alimentos doces que causam cáries, como mel, raramente eram consumidos, e o pão, que vira açúcar pela ação da saliva, era desconhecido para eles. Por outro lado, os dentes incisivos eram significativamente desgastados. Os povos da Idade da Pedra deviam usá-los como uma espécie de terceira mão – esticando o couro animal entre a boca e a mão, por exemplo, enquanto trabalhavam a pele com a outra mão. As lesões dentárias e suas consequências eram uma causa de morte comum entre os caçadores-coletores; a propósito, a xamã de Bad Dürrenberg deve ter morrido de uma inflamação aguda nas gengivas. Por outro lado, as doenças contagiosas eram raras, já que as populações ficavam tão distantes umas das outras que as doenças tinham poucas oportunidades para se alastrar.

O modo de vida dos caçadores-coletores era bem afinado com os milhões de anos de evolução e os mantinha com uma saúde excelente. As causas de morte mais comuns da nossa sociedade contemporânea – doenças cardiovasculares, acidentes vasculares cerebrais e diabetes, só para citar algumas – seriam inimagináveis na Idade da Pedra: o aumento da popularidade das dietas "paleolíticas", baseadas em restringir o consumo de alimentos a carnes e vegetais, portanto, tem alguma lógica. É fato que a versão de hoje não inclui insetos suficientes, e as carnes e os vegetais vêm quase todos de fazendas. Só um punhado de adeptos da paleo se alimenta de ervas selvagens, raízes e carne de caça, ou seja, a maioria não adere a uma autêntica dieta de caçadores-coletores. Caminhar com calma até um restaurante que ofereça um cardápio paleolítico também não exige o mesmo esforço que caçar a presa na natureza selvagem.

Contracepção natural, rituais arcaicos

Os povos do Mesolítico tinham poucos filhos. Como não havia leite animal nem comida de bebê, as crianças eram amamentadas no peito até os 5 ou 6 anos. Enquanto amamentavam, mecanismos hormonais deixavam as mulheres estéreis. (Um alerta: hoje em dia, com a abundância de alimentos, isso não acontece mais com a maioria das mulheres. Portanto, amamentar não é um método contraceptivo confiável.) Quando um novo bebê chegava, os filhos mais velhos já tinham que estar fisicamente capazes o suficiente para não dependerem mais da proteção constante dos pais, o que costumava acontecer aos 6 ou 7 anos. A maioria das mulheres daquela época não engravidava mais de quatro vezes, o que provavelmente significava uma média de dois filhos que chegavam à idade adulta a cada geração. Isso era o suficiente para manter uma população estável, mas não para fomentar o crescimento. Numa Europa escassamente povoada, isso significava que havia pouca competição por alimentos, portanto eram raros os conflitos entre os grupos diferentes de caçadores-coletores. Havia o suficiente para todos.

Mas também havia exceções, e eram significativas. Principalmente durante a transição para o período de aquecimento, existiam mais áreas na Europa Central e Setentrional onde os alimentos eram obtidos mais pela coleta do que pela caça. Isso acontecia sobretudo nas regiões costeiras, que eram repletas de focas e, de tempos em tempos, recebiam uma baleia encalhada. O cardápio podia facilmente ser complementado com a flora local: havia uma oferta abundante de bagas, raízes e cogumelos. Esses paraísos eram cobiçados e atraíam povos de outras regiões. Os habitantes estabelecidos os defendiam como podiam. No geral, a sociedade dos caçadores-coletores provavelmente era uma das mais pacíficas da história, mas, quando a violência eclodia, era brutal. Os crânios e ossos rachados encontrados nesses paraísos são testemunhos da ferocidade dos seus guerreiros. Eles também serviam para assustar os intrusos: os habitantes de Motala, no centro da Suécia, empalavam os inimigos em lanças e os posicionavam num pântano, de costas para o assentamento. Eles até conseguiam colocar crânios dentro de outros crânios, embora hoje em dia não saibamos interpretar esse simbolismo. Mas esses conflitos dispersos eram um fenômeno muito diferente da competição sistemática e generalizada por recursos que mais tarde dominou o continente.

O MAIS ANTIGO AMIGO DO HOMEM

Uma das maiores inovações dos caçadores-coletores – e que ainda faz parte da nossa vida no século XXI – foi o cachorro. Para os caçadores, eles eram indispensáveis. Para muitos de nós hoje, eles são membros da família. Estima-se que os lobos foram domesticados cerca de 20 a 15 mil anos atrás, embora ainda se discuta se isso aconteceu em vários continentes ao mesmo tempo ou na Europa da Era do Gelo. O cachorro mais antigo da Alemanha foi encontrado em um túmulo duplo em Oberkassel, subúrbio de

Bonn, onde foi enterrado cerca de 14 mil anos atrás ao lado de um homem de 50 anos e de uma mulher com metade dessa idade. Os bens sepulcrais enterrados com eles incluíam a mandíbula de outro cão, indicando que o animal tinha um grande significado para eles.

Não temos como saber se os donos se pareciam com o cachorro, como muito se diz hoje em dia. Por outro lado, geneticamente, os cachorros ficaram mais parecidos com os humanos. Assim como nós, os cachorros conseguem digerir carboidratos bem melhor do que seus ancestrais selvagens. Os cães de hoje têm muito mais cópias do gene que regula a produção da enzima amilase, usada para digerir alimentos como arroz e batata. As mesmas mutações ocorreram nos humanos conforme a nossa dieta passou a incluir mais carboidratos. Ao contrário dos chimpanzés, dos neandertais e dos denisovanos, que só tinham duas cópias do gene da amilase, a maioria das pessoas na atualidade tem de dez a vinte cópias – mais ou menos a mesma quantidade que os nossos amigos de quatro patas. Essa mutação paralela nos humanos e nos cachorros indica que eles há muito tempo são não só nossos companheiros mais fiéis, mas também nosso meio mais conveniente de descartar os restos de comida.

Pioneiros da engenharia genética

Se o clima na Europa Central após a Era do Gelo era ameno, no Oriente Próximo era quase ideal. O calor e o aumento das chuvas permitiram que as estepes antes estéreis florescessem, produzindo gramíneas selvagens cerealíferas, as ancestrais dos cereais de hoje. A riqueza da flora beneficiou diretamente os coletores e indiretamente os caçadores, pois lhes dava mais animais para matar. As gazelas, abundantes e rápidas, se transformaram na principal fonte de carne nesse período. Na Anatólia e em toda a região leste do Estreito de Bósforo, o suprimento de alimentos era tão abundante que o instinto nômade nos caçadores pareceu ter esmorecido, talvez porque eles não precisassem mais procurar muito longe pela próxima refeição.

No Crescente Fértil, que se estende desde o Vale do Jordão e o Líbano até o sudeste da Turquia, o norte da Síria e do Iraque e a Cordilheira de Zagros, no oeste do Irã, a fauna, a flora e a população humana prosperaram. Os caçadores-coletores na região que hoje abrange Israel e Jordânia foram os primeiros a se tornarem sedentários, estabelecendo, há mais de 14 mil anos, o que hoje é conhecido como a cultura natufiana. Esses caçadores-coletores residiam em locais fixos e coletavam grãos selvagens e os trituravam com pedras de moinho. Uma evidência desse abandono do estilo de vida nômade também foi encontrada no sudeste da Anatólia, onde esses primeiros grupos sedentários construíram Göbekli Tepe 12 mil anos atrás, um vasto monte artificial feito com enormes blocos de pedra decorados com imagens de animais e provavelmente a mais antiga construção humana com pedras esculpidas. Arqueólogos acreditam que o complexo tinha algum significado religioso.

Assim como ocorreu no norte, depois de um período de aquecimento o Oriente Próximo passou por uma repentina onda de frio 13 mil anos atrás, e as chuvas diminuíram. Essa mudança climática foi um teste difícil para a população humana: o suprimento de alimentos diminuiu drasticamente. A necessidade deve ter sido a mãe da criatividade, porque as pessoas embarcaram em um processo rudimentar de engenharia genética. Os observadores atentos evidentemente perceberam que

Uma escavação em Göbekli Tepe, um complexo ao sul da Anatólia. Os primeiros caçadores-coletores a se tornarem sedentários viveram nessa região antes de passar a cultivar a terra.

era possível usar a diversidade genética das espécies de grãos a favor deles. Há mais ou menos 10.500 anos, no fim do período frio, alguns assentamentos no Crescente Fértil cultivavam o farro, precursor do atual trigo, e a cevada selvagem, a partir da qual foi desenvolvida a cevada de hoje. Esses grãos tiveram que ser cultivados intencionalmente.

Para se reproduzir naturalmente, as sementes dos grãos selvagens não ficam dentro das espigas. Durante a colheita, isso significa que muitas sementes se perdem ou precisam ser catadas do chão. No entanto, algumas plantas passaram por uma mutação específica que mantinha as sementes presas às espigas. Os humanos parecem ter plantado sementes dessas plantas a fim de produzirem mais plantas com a mesma mutação, criando aos poucos uma nova variedade. Trabalhando com colegas da Alemanha e de Israel para reconstruir os genomas de sementes secas de cevada de uma caverna próxima ao Mar Morto, conseguimos demonstrar que a cevada cultivada atualmente no Oriente Próximo tem uma composição genética muito semelhante à da cevada que era cultivada na região há 6 mil anos.

Ao que tudo indica, os habitantes do Crescente Fértil teriam começado a criar animais há cerca de 10 mil anos. Encontramos as primeiras evidências da domesticação de cabras, ovelhas e, posteriormente, também de bois em assentamentos daquela época. Os animais não eram majoritariamente uma fonte de carne; eram mais utilizados para a produção de leite. Na verdade, é provável que os caçadores-coletores tenham diminuído o consumo de carne de forma gradativa quando começaram a se assentar, uma tendência que foi acelerada de maneira drástica com a agricultura. Como a agricultura é um processo muito demorado, sobravam poucas horas do dia para caçar. A demanda adicional por carne podia ser suprida, pelo menos em parte, por meio do escambo com caçadores-coletores que ainda viviam na região.

Vários esqueletos de caçadores-coletores nos primeiros assentamentos de agricultores indicam que as duas populações tinham uma coexistência pacífica e faziam comércio.

O cadáver no porão

Não se pode chamar o que aconteceu no Oriente Próximo durante o Neolítico de "revolução". As práticas agrícolas se desenvolveram lentamente, ao longo de milênios. No início, a agricultura apenas complementava o estilo de vida dos caçadores-coletores, mas aos poucos a experiência se acelerou. Até aquele momento, não havia nenhum sinal dos grandes assentamentos, das lavouras e da pecuária que caracterizaram o Neolítico, que pode ser chamado de era da agricultura, mas esses primeiros protótipos também não se pareciam com as atividades dos caçadores-coletores tradicionais. As análises de DNA realizadas pelo meu grupo de pesquisa também demonstram que a agricultura se desenvolveu organicamente na região; as novas técnicas não foram levadas pelos imigrantes, por exemplo, como aconteceu mais tarde na Europa.

Os caçadores-coletores da Anatólia não eram geneticamente diferentes dos seus agricultores. Eles pertenciam ao mesmo povo. Extraordinariamente, no entanto, havia grandes diferenças genéticas *entre* os agricultores do Crescente Fértil. Os habitantes do leste tinham um DNA diferente daqueles do oeste – e as diferenças não eram pequenas. As duas populações eram tão distantes geneticamente quanto os europeus e os asiáticos orientais de hoje. A razão desse abismo genético dentro de uma região cultural que se desenvolvia quase do mesmo jeito ainda não é clara. Talvez as cadeias montanhosas da Anatólia tenham se tornado intransponíveis durante a Era do Gelo e tenham dividido os ancestrais de cada população.

A continuidade genética entre caçadores-coletores e agricultores na Anatólia não existiu na Europa. Foi lá que a Revolução Neolítica ganhou esse nome, transformando a cultura em poucos séculos. Do ponto de vista arqueológico, essa expansão já foi comprovada sem a menor sombra de dúvida há mais de um século, mas a questão de *como* a prática da agricultura surgiu ficou sem resposta por muito tempo, havendo então duas teorias. A primeira afirmava que a agricultura era uma técnica cultural apropriada dos povos da Europa Central, isto é, aprendida com os vizinhos anatolianos, e depois transmitida aos poucos do leste para o oeste. A segunda sugeria que os anatolianos se expandiram para o oeste e levaram consigo a nova tecnologia. A segunda teoria foi comprovada na atualidade, e de um jeito mais inequívoco ainda do que o esperado. As evidências? Extensos testes genéticos realizados em centenas de europeus que viveram de 8 mil a 5 mil anos atrás – e os ossos de uma velha camponesa suábia que viveu nas proximidades de Stuttgart 7 mil anos atrás.

Os restos mortais dessa mulher foram armazenados no porão da minha antiga universidade em Tübingen, e, em 2014, uma análise do genoma revelou que suas raízes genéticas estavam na Anatólia. O DNA da mulher era significativamente diferente do DNA que encontramos nos ossos de caçadores-coletores que viviam na região da Suécia e de Luxemburgo de hoje antes do Neolítico Europeu. A mulher suábia, portanto, forneceu a primeira evidência de DNA irrefutável de que os anatolianos tinham migrado para o oeste. Desde então, centenas de amostras de DNA confirmaram que cerca de 8 mil anos atrás os anatolianos começaram a se estabelecer em toda a Europa, das Ilhas Britânicas à Ucrânia de hoje. Eles viajaram da região da atual Turquia atravessando os Bálcãs no sul, ao longo do Mar Egeu e do Mar Adriático e pelo corredor do Danúbio no norte. Não sabemos se os caçadores-coletores foram expulsos ou se os recém-chegados simplesmente eram mais numerosos. De qualquer modo, depois da onda de migração anatoliana, os genes dos caçadores-coletores ficaram menos proeminentes na população da Europa. No entanto, os caçadores-coletores não desapareceram. Eles recuaram e ressurgiram dois milênios depois.

Pele clara por não comer carne

A Revolução Neolítica aproximou duas populações que eram fundamentalmente – e visivelmente – diferentes em termos genéticos. Os caçadores-coletores, já estabelecidos na Europa, tinham a pele bem mais escura do que os imigrantes anatolianos. Não é óbvio o motivo pelo qual os povos do sul, mais quente, tinham a pele mais clara do que aqueles que viviam no norte, mais frio. Como as pessoas com mais pigmentos na pele apresentam uma proteção maior contra os raios UV carcinogênicos, os tipos mais escuros de pele hoje são encontrados abaixo da linha do Equador, na África Central. Os povos das regiões ao norte, que enfrentam o problema oposto – um déficit de luz solar –, têm menos pigmentos na pele para absorver radiação UV suficiente para sintetizar a vitamina D. É por isso que alguns países enriquecem os alimentos – normalmente o leite – com vitamina D ou exigem que as crianças tomem óleo de fígado de bacalhau. Na Alemanha, o Instituto Robert Koch recomenda que as pessoas aumentem o consumo de vitamina D. De acordo com o instituto, pessoas com pele mais escura são mais propensas à deficiência.

A Austrália, que tem uma população majoritária de imigrantes britânicos – que chegaram lá há menos de um século –, tem a mais alta incidência de câncer de pele do mundo. Um terço dos australianos será diagnosticado com câncer de pele em algum momento da vida. Do ponto de vista da biologia evolutiva, pessoas com pele clara não deveriam viver perto do Equador – ou, pelo menos, deveriam adiar a mudança por um ou dois milênios, para dar à pele tempo para se adaptar geneticamente. Porque ela *consegue* se adaptar. Os povos indígenas das Américas perto do Equador têm a pele mais escura do que os do sul da América do Sul – embora ambos sejam descendentes da mesma população que imigrou para as Américas há cerca de 15 mil anos. Daqui a 10 mil anos, é provável que os descendentes europeus na Austrália tenham um tom de pele semelhante ao dos aborígines, que chegaram lá muito antes, supondo que não haja mais nenhuma imigração da Europa – e que não seja usado um protetor solar com fator de proteção 50.

Mas nada disso explica por que, 8 mil anos atrás, os europeus centrais tinham a pele mais escura do que os imigrantes do sul. A resposta está na dieta das duas populações. Os caçadores-coletores absorviam vitamina D suficiente por meio de uma dieta à base de peixes e carnes. Os agricultores anatolianos tinham uma dieta quase toda vegetariana, complementada por laticínios, e não absorviam nenhuma vitamina D de peixes e carnes. O tom de pele desses primeiros agricultores sofreu a pressão da seleção: apenas os que tinham a pele mais clara eram capazes de absorver vitamina D suficiente. Diversas mutações foram necessárias para deixar a pele mais clara, mas os anatolianos mais pálidos, nos quais esses genes surgiram, eram mais saudáveis, viviam mais tempo e tinham mais filhos. A cor da pele deles mudou em paralelo à mudança para a agricultura. Aos poucos, esse desenvolvimento evolutivo se espalhou por toda a Europa. Quanto mais ao norte, mais clara a pele. Entre os caçadores-coletores, por outro lado, essa pressão da seleção não existiu.

Portanto, o tom de pele dos europeus de hoje, especialmente os do norte, é resultado de uma série de mutações genéticas que diminuíram a produção de melanina, o pigmento da pele humana. Essa condição é mais comum hoje no Reino Unido e na Irlanda; certos indivíduos, principalmente os ruivos, mal conseguem se bronzear. Eles simplesmente se queimam, o que explica a incidência de câncer de pele notavelmente alta nos australianos com ascendência britânica. Curiosamente, a mutação que resulta em uma produção menor de melanina também é responsável pela diminuição da sensibilidade ao frio e à dor. Por muito tempo, suspeitou-se de que essa mutação genética tinha origem nos neandertais, que se acreditava serem mais resistentes ao frio, mas não há nenhuma evidência genética dessa hipótese; até hoje, a mutação relevante nos receptores de melanocortina não foi encontrada no genoma dos neandertais.

Os caçadores-coletores da Europa não só tinham pele escura, mas também olhos azuis. Embora a pele clara tenha se tornado a norma na Europa, os olhos azuis continuaram comuns mesmo depois da onda de imigração da Anatólia. Ainda não sabemos por quê. Por padrão, a íris é escura, então olhos mais claros sempre são resultantes de mutações que geram uma redução na pigmentação. Olhos mais claros não oferecem nenhum benefício óbvio, enquanto olhos escuros parecem ser menos sensíveis à luz. Mas isso também não explicaria por que os olhos claros são muito mais frequentes na Europa hoje do que seriam se fossem obra do acaso. A sugestão mais plausível é que as pessoas com olhos azuis tinham mais chances de se reproduzir. Os olhos azuis podem simplesmente ter sido considerados bonitos. O sequenciamento genético revela que a quantidade de pessoas com olhos azuis diminuiu depois da imigração dos agricultores anatolianos – e mais tarde aumentou de novo.

Aliás, olhos azuis não significam necessariamente azuis como os de Paul Newman. Eles são apenas menos pigmentados, abrangendo tudo no espectro do cinza-azulado ao verde; e os olhos verdes simplesmente contêm uma mistura de pigmentos azuis e castanhos. Dessa forma, a mesma mutação pode gerar cores muito diferentes de olhos. Na cor da pele também existe uma paleta quase infinita de tons entre o claro e o escuro. Embora as mutações responsáveis pela pele mais clara não pareçam ter ocorrido nos genes dos caçadores-coletores da Europa Central, não devemos dar muita importância a essa descoberta. Infelizmente, foi exatamente isso que aconteceu nos últimos anos, por exemplo, quando o DNA de "um britânico primitivo" foi decodificado e as referências à pele dele diziam que era tão escura quanto a dos africanos ocidentais de hoje. Essas declarações costumam ser aproveitadas pela mídia e usadas para fazer generalizações alucinadas. Na verdade, não sabemos qual era o tom da pele dos antigos caçadores-coletores. A hereditariedade da cor da pele é muito complexa e não pode ser explicada apenas pelas mutações. Ainda não está claro se os europeus se assemelhavam mais aos povos da África Central de hoje ou àqueles do mundo árabe. Tudo que podemos afirmar com certeza é que eles não apresentavam nenhuma mutação conhecida por nós que ocasionasse uma pele clara, por isso é muito provável que eles tivessem a pele mais escura que a dos europeus contemporâneos.

Se olharmos ainda mais para trás na história da humanidade, vamos constatar que a pele escura também foi uma adaptação. Nosso primo, o chimpanzé, tem pele clara por baixo da pelagem escura. Quando os humanos se livraram de sua pelagem, nossa pele evidentemente se adaptou para proteger o corpo do sol. Por esse motivo, usar a cor da pele para justificar qualquer tipo de hierarquia social é absurdo – a não ser que as pessoas de pele clara queiram reivindicar uma conexão genética especial com os chimpanzés.

A indelével rota dos Bálcãs

Os imigrantes anatolianos estabeleceram pela primeira vez a cultura neolítica nos Bálcãs, pelo simples fato de, após saírem de sua terra natal, terem viajado primeiro por essa região. Esses primeiros agricultores que se estabeleceram ali fundaram o que hoje é conhecido como cultura Starčevo, que se estendia ao longo do Danúbio até o sul da Hungria e da Sérvia e o oeste da Romênia. Eles criaram um tipo de assentamento completamente novo, construindo abrigos básicos – e não especialmente resistentes às intempéries – com argila, madeira e palha, disponíveis em abundância. As casas ruíam com frequência, e novas casas eram construídas sobre as ruínas, de modo que, ao longo dos milênios, essas estruturas se transformaram em pequenas colinas. As ruínas desses assentamentos "tell" – cujo nome deriva da palavra árabe para "colina" – existem até hoje, principalmente no sudeste da Europa e no Oriente Próximo. Essa afinidade arqueológica destaca a importância dos Bálcãs como uma ponte entre o Oriente Próximo e a Europa, oferecendo um espaço de troca quase constante. Se os habitantes dos Bálcãs transmitiram seu DNA aos anatolianos durante a Era do Gelo, esses genes retornaram à Europa Central 10 mil anos depois, durante o Período Neolítico. Até hoje, os habitantes da Europa e da Anatólia mantêm uma conexão genética.

Os anatolianos não só apresentaram aos povos dos Bálcãs a agricultura e a criação de animais, como também levaram a cerâmica. Qualquer pessoa que tenha se mudado para um novo apartamento sem tigelas e pratos e tentado fazer uma refeição digna imagina a importância que a cerâmica deve ter tido para os primeiros europeus. Os povos do Neolítico conseguiam manufaturar grandes quantidades de tigelas, frascos e recipientes de armazenamento com argila aquecida no fogo. Mil anos depois, essa nova arte já estava sendo praticada em toda a Europa, e os arqueólogos nomearam dezenas de culturas de acordo com as diferentes técnicas que elas usavam para produzir esses objetos. A cultura da Cerâmica Linear, cujos vasos são decorados com tiras, se expandiu por toda a Europa Central no decorrer de alguns séculos, no território que hoje abrange França, Alemanha, Polônia, Áustria e Hungria e, posteriormente, Ucrânia. Enquanto isso, a área ao longo do Mar Adriático, da maior parte da Itália, do sul da França e da Ibéria atuais era dominada pela cultura da Cerâmica Cardial, cujos vasos costumavam ser decorados com impressões feitas com conchas.

Uma grande riqueza de artefatos cerâmicos dessa época continua a ser desenterrada, provando a extensa mudança cultural que aconteceu durante o Neolítico. As culturas da Cerâmica Cardial e da Cerâmica Linear surgiram com a onda de imigração anatoliana, mas se dividiram nos Bálcãs. No entanto, geneticamente, a diferença entre as populações das duas culturas era infinitesimal, praticamente igual à diferença entre os irlandeses e os ingleses de hoje. O progresso dos agricultores economicamente superiores há 8 mil anos pode ser claramente mapeado pelas mudanças graduais no DNA, mas a influência dos agricultores não abrangia tudo. Embora existissem poucos traços do DNA dos caçadores-coletores na Europa Central há 7.500 anos, hoje em dia ele está tão visível em certas populações europeias quanto os genes dos anatolianos. Os caçadores-coletores não desapareceram com a chegada dos anatolianos; eles só recuaram. Até a agricultura finalmente conquistar toda a Europa, os caçadores-coletores coexistiram com os agricultores por mais de 2 mil anos. Mas o que viajou de maneira bem-sucedida com os anatolianos não foram só os genes; foram a cultura, os alimentos e o modo de vida desse povo.

CAPÍTULO 4

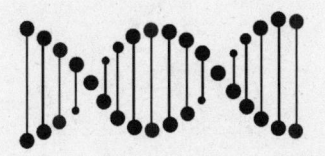

Sociedades paralelas

Os anatolianos trabalham arduamente o dia inteiro. Os caçadores-coletores procuram nichos. Os recém-chegados levam consigo a violência. Os sardenhos são os agricultores originais. Aprender com os imigrantes significa aprender a vencer. As coisas se tornam muito anti-higiênicas.

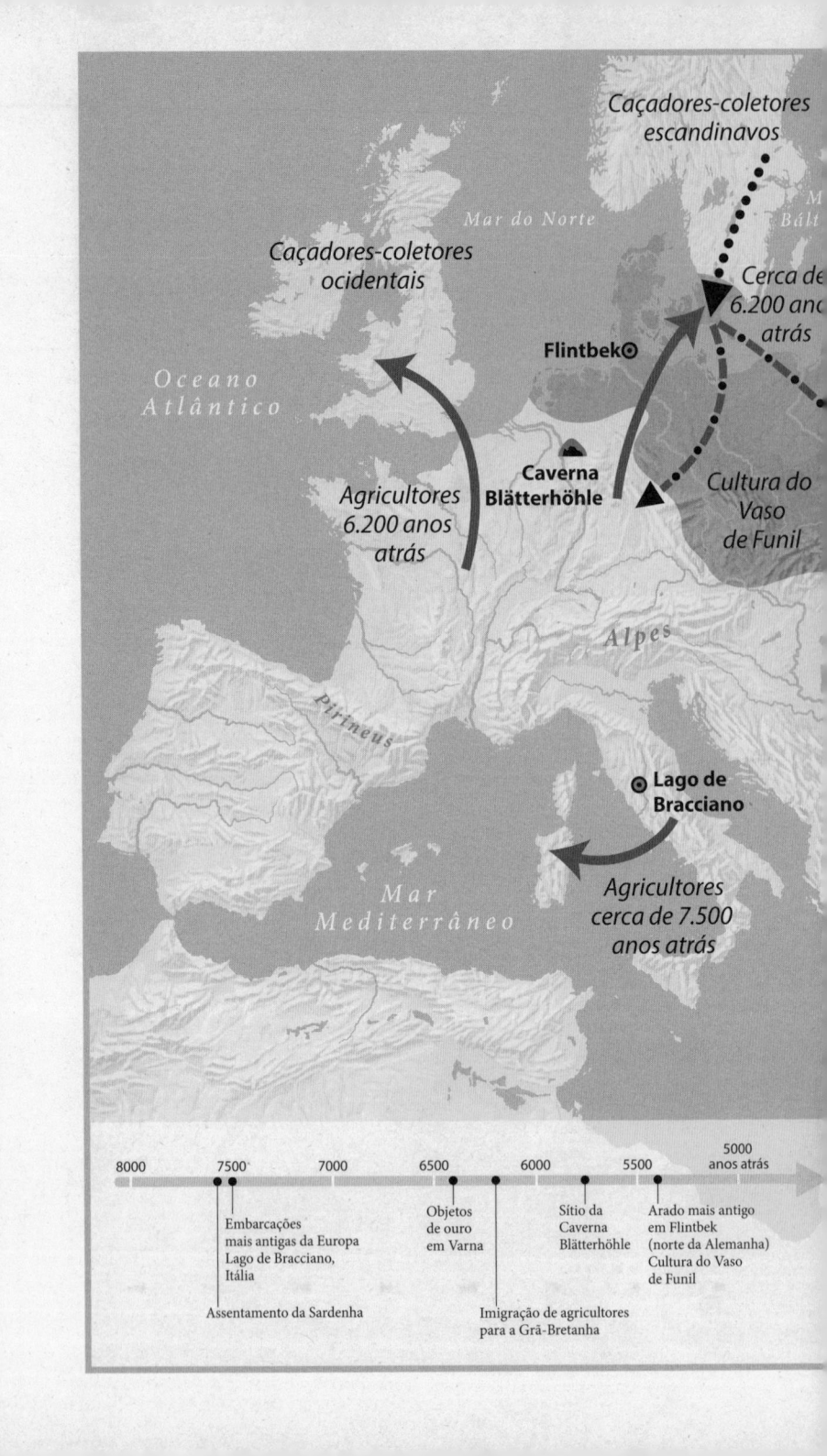

Caçadores-coletores escandinavos

Mar do Norte

M[ar] Bált[ico]

Caçadores-coletores ocidentais

Cerca de 6.200 anos atrás

Flintbek

Oceano Atlântico

Agricultores 6.200 anos atrás

Caverna Blätterhöhle

Cultura do Vaso de Funil

Alpes

Pireneus

⊙ **Lago de Bracciano**

Mar Mediterrâneo

Agricultores cerca de 7.500 anos atrás

8000	7500	7000	6500	6000	5500	5000 anos atrás
	Embarcações mais antigas da Europa Lago de Bracciano, Itália		Objetos de ouro em Varna	Sítio da Caverna Blätterhöhle	Arado mais antigo em Flintbek (norte da Alemanha) Cultura do Vaso de Funil	
	Assentamento da Sardenha			Imigração de agricultores para a Grã-Bretanha		

Sociedades paralelas

Mar Cáspio

Cáucaso

Mar Negro

Cordilheira de Zagros

Montes Tauro

Mar Mediterrâneo

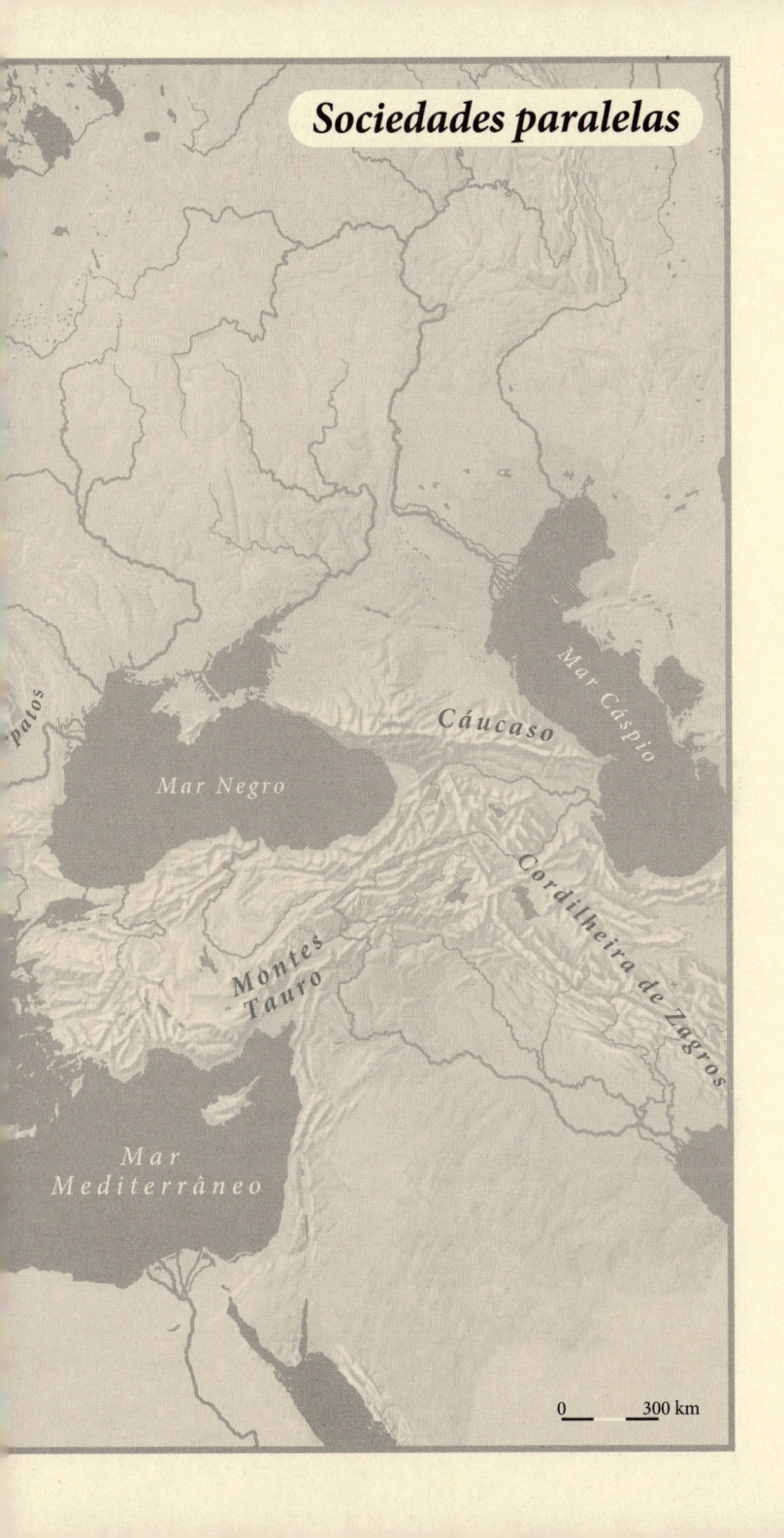

0 300 km

Caçadores em retirada

O DNA dos agricultores anatolianos dominou o genoma dos europeus durante centenas de anos. Quer os anatolianos tenham chegado ou não em números maiores do que a população estabelecida, sua vantagem numérica só aumentou com o passar do tempo, já que o estilo de vida agrícola, com abundância de alimentos, lhes permitia ter mais filhos. Enquanto isso, os caçadores-coletores recuaram para regiões inóspitas para a agricultura: para as montanhas baixas com poucas áreas pastoreáveis e aráveis ou para as regiões mais frias do norte da Europa. As condições locais durante o início do Neolítico não costumavam ser ideais para a agricultura, então havia muitas opções.

Para viverem lado a lado durante dois milênios, os agricultores e os caçadores-coletores devem ter chegado a algum tipo de acordo. Eles pertenciam a sociedades paralelas; embora soubessem da existência uns dos outros, eram prudentes em relação a fazer contato. Mas conviveram em certa época. Entre 6 mil e 5 mil anos atrás, como ficou demonstrado numa análise de DNA de restos mortais, tanto os caçadores-coletores quanto os agricultores sepultavam seus mortos no sítio arqueológico da caverna Blätterhöhle, onde hoje fica Vestfália, na Alemanha. As duas populações podem ter sido vizinhas e ter concordado em compartilhar um cemitério. Embora certamente vivessem sob as mesmas condições ambientais, uma análise isotópica dos ossos revelou que eles seguiam a dieta tradicional de seus grupos. Os caçadores-coletores comiam predominantemente peixe e carne, sem dúvida com uma boa porção de vermes e insetos. Os agricultores, por outro lado, tinham uma dieta baseada em plantas. Apesar de terem conseguido domesticar bois, ovelhas e cabras, eles apenas consumiam o leite desses animais e raramente os abatiam. Os membros de um grupo podiam não parecer aos do outro as melhores companhias para um jantar, mas sabemos que às vezes eles se apaixonavam. Embora tenham sido encontrados restos mortais de descendentes misturados na mesma caverna, parece que os caçadores masculinos ficavam para trás na hora de cortejar: os filhos misturados encontrados na caverna só carregam mtDNA dos caçadores-coletores. Como o mtDNA é transmitido pela mãe, é provável que as coletoras tenham feito sexo com os agricultores, mas não as agricultoras com os caçadores. Isso condiz com o comportamento observado nas populações contemporâneas de caçadores-coletores, que vivem em estreita proximidade com agricultores, por exemplo, na África, onde essa combinação – coletoras com agricultores – é mais comum do que o inverso.

Estresse e má nutrição

Os amantes de churrasco certamente vão simpatizar com os caçadores-coletores, que não gostavam do estilo de vida em grande parte vegetariano dos novos vizinhos. Embora a agricultura oferecesse as melhores oportunidades de crescimento, foram necessários 2 mil anos para que ela dominasse a Europa.

Os agricultores podiam ter mais filhos do que os caçadores-coletores, mas pagavam um preço óbvio por isso: eles nunca tinham tempo para o lazer. Para manter a despensa cheia, os agricultores trabalhavam o dia inteiro para obter uma quantidade insignificante de grãos, alguns vegetais, uma xícara de leite e, talvez, um pedaço de queijo. O trabalho dos caçadores-coletores não era moleza, mas era realizado com muito mais rapidez. E, enquanto os recém-chegados estavam sempre com medo de uma colheita ruim, os caçadores sabiam como tirar o sustento da natureza mesmo em condições adversas. Eles também tinham a vantagem de serem bem adaptados à dieta baseada em carne; até hoje, muitas pessoas sofrem com grãos e leite, como mostram as prateleiras de supermercados dedicadas a produtos sem glúten e sem lactose. Encontramos nos ossos de muitos dos primeiros agricultores sinais de deficiência de minerais, que leva ao raquitismo, então é razoável supor que eles eram magros e fracos em comparação com os poderosos caçadores.

Mas nem tudo era ruim na agricultura. O trabalho dos agricultores pode ter sido difícil e a alimentação era um pouco indigesta, mas eles inventaram a família estendida, aumentando a chance de sobrevivência a longo prazo dos próprios descendentes e, portanto, de toda a população. Sem nenhuma alternativa à labuta constante que definia a vida deles, os agricultores deviam ficar perplexos com o contentamento simples dos caçadores-coletores. Quando começaram a produzir mais alimentos e ter mais filhos – que, por sua vez, demandavam mais alimentos –, os agricultores já tinham começado a repetir as mesmas etapas de sobrevivência. Mais comida significava ter mais filhos, e ter mais filhos significava uma demanda maior de alimentos, que tinham que ser cultivados e colhidos. A humanidade nunca saiu desse estado de trabalho excessivo, e hoje em dia as bibliotecas estão lotadas de livros de autoajuda para trabalhadores estressados. Mesmo assim, se usarmos os bens materiais como medida, os agricultores tinham um padrão de vida mais alto do que o dos caçadores-coletores. Os agricultores eram donos de campos, viviam em casas

A agricultura foi levada para a Europa 8 mil anos atrás pelos agricultores anatolianos imigrantes. No fim do Neolítico, mais ou menos 4.800 anos atrás, vinha sendo praticada com uma intensidade cada vez maior.

e tinham criações de animais. Uma vez iniciado o caminho do crescimento, eles não podiam desviar do rumo sem colocar em risco a vida dos filhos. Depois de algumas gerações, teria sido impossível retornar à caça – as habilidades necessárias precisavam ser aprendidas muito cedo pelos jovens. Em uma comunidade de agricultores, juntar-se aos caçadores-coletores seria o equivalente ao autoexílio, já que os agricultores os viam como inferiores.

Muito provavelmente, era raro as duas populações viverem lado a lado como faziam no entorno da caverna Blätterhöhle. Geralmente, os caçadores-coletores eram expulsos quando os agricultores se estabeleciam em regiões com as condições ideais. Montanhas, florestas ou terrenos íngremes estavam fora de questão. Acima de tudo, os agricultores precisavam de um solo bom, de preferência que permanecesse fértil mesmo após muitos anos. Portanto, eles ficavam perto de locais como a Magdeburg Börde de hoje, na Alemanha, onde o solo preto ainda é um dos mais férteis da Europa. A Europa estava disponível, e os primeiros agricultores fizeram questão de pegar as melhores propriedades. Mas o auge deles não durou muito. Conforme mais povos competiam pelos melhores lugares, os residentes se tornavam territoriais.

Aumento da violência num espaço reduzido

Embora os primeiros assentamentos neolíticos não fossem fortificados, as gerações seguintes passaram a erguer defesas para proteger sua propriedade de forasteiros. Desde o início houve batalhas por recursos: valas comuns ocupadas por agricultores, datadas de pouco tempo depois da chegada deles, foram encontradas em toda a Europa, com sinais inconfundíveis de conflitos. Em Talheim, no sul da Alemanha, trinta pessoas foram encontradas enterradas em um poço de 7 mil anos. Seus agressores as tinham espancado com machados de pedra e objetos sem ponta. Enquanto isso, na cidade de Asparn an der Zaya, na Áustria, 200 indivíduos foram executados ao tentarem fugir dos seus inimigos. Ninguém era poupado nesses massacres, comumente interpretados como conflitos por terras agrícolas escassas. Crianças pequenas, adolescentes, mulheres e idosos foram encontrados nas sepulturas, além de homens com idade suficiente para lutar. No início do Neolítico, os humanos evidentemente usavam ferramentas feitas para a agricultura e a caça como armas improvisadas. Arcos e flechas estavam entre elas e, tanto em Talheim quanto em Asparn, os crânios das vítimas eram esmagados com machados e enxós (uma ferramenta usada na carpintaria). Alguns séculos mais tarde, no entanto, os bens sepulcrais enterrados com agricultores começaram a incluir armas decoradas com habilidade, feitas exclusivamente para matar. Com o crescimento das populações, a formação de assentamentos e o aumento da disputa por espaço, os conflitos se tornaram uma parte constante da civilização no início do Neolítico, embora ainda não houvesse exércitos nem campanhas organizadas.

Esses conflitos colocavam agricultores contra agricultores, mas as fortificações provavelmente também foram erguidas para deter os caçadores-coletores, que podiam ver os campos e as pastagens como um convite aberto para se fartar. É improvável que os caçadores-coletores pegassem em armas contra os agricultores – por que nômades arriscariam a vida por um pedaço de terra? Considerando apenas os números, eles com certeza devem ter percebido que não tinham a menor chance. As duas populações não conviviam pacificamente nem viviam num estado de guerra permanente. Não era um relacionamento entre iguais: os caçadores-coletores seriam no máximo tolerados, desde que não atrapalhassem os recém-chegados.

Tratores suecos

O desequilíbrio de poder entre os dois grupos era mais evidente nos solos férteis da Europa Central. Em outros lugares, as coisas não eram tão definidas. No sul da Escandinávia e na costa do Mar Báltico e do Mar do Norte, a terra era cheia de florestas e, portanto, tinha pouca utilidade para os agricultores. Os caçadores-coletores locais, por outro lado, se esbaldavam ali; graças ao calor da Corrente do Golfo, que atraía focas e baleias em abundância, havia muita pesca. Eles não viam razão para seguir o exemplo dos agricultores, que, apesar de tudo, defendiam suas posições. Na Escandinávia, as duas sociedades também viviam em paralelo, mas em outros termos. Assim como no restante da Europa, elas se mantiveram bem próximas no início e só depois se misturaram. Mas os caçadores-coletores defendiam melhor os seus espaços na Escandinávia do que em outros lugares; seu DNA está mais presente hoje no norte do que em qualquer outro lugar da Europa. Por volta de 6.200 anos atrás, bem depois do início do Neolítico na Europa Central, as interações com os agricultores produziram o que é conhecido como cultura do Vaso de Funil, que recebeu esse nome por causa dos seus característicos copos altos que se estreitam – sim, você adivinhou – como funis.

Os caçadores-coletores da Escandinávia não foram expulsos pelos recém-chegados. Eles eram abertos às tecnologias recém-importadas dos agricultores. Ao longo dos séculos seguintes, a disposição para inovar tornou a cultura do Vaso de Funil uma das mais bem-sucedidas do Neolítico. Os primeiros escandinavos já conheciam a recém-inventada roda, que, combinada com o uso dos bois, abriu possibilidades completamente novas para o transporte e o cultivo. Os rastros de carroça mais antigos de que se tem conhecimento têm 5.400 anos e foram encontrados em Flintbek, no norte da Alemanha, enterrados sob um túmulo megalítico.

Uma das maiores invenções dadas à Europa pelos escandinavos foi uma forma primitiva de trator: dois bois atrelados a um arado que cavava sulcos profundos no solo. Embora nenhuma dessas engenhocas tenha sido encontrada, descobrimos vestígios de arados em solos argilosos, enterrados sob 20 centímetros de terra.

Os agricultores neolíticos agora podiam arar campos grandes e outros terrenos que antes eram resistentes à agricultura. Embora conseguissem derrubar árvores, era impossível para os humanos arrancar suas raízes até eles contarem com a força dos bois. Da mesma forma, os bois conseguiam arrastar blocos de pedra deixados pelas geleiras da Era do Gelo, muito comuns no norte da Europa. Alguns arqueólogos acreditam que essa prática inspirou a construção de edifícios de pedra monumentais que surgiram por toda a Europa nessa época – por exemplo, os túmulos megalíticos, mais conhecidos como dólmens. Eles argumentam que as pedras tiradas dos campos recém-arados precisavam ir para algum lugar.

Os agricultores anatolianos foram para o norte; e os membros da cultura do Vaso de Funil foram para o sul, levando consigo não só tecnologias melhoradas, mas também o conhecido DNA dos caçadores-coletores. Há 5.400 anos, os escandinavos tinham avançado para o leste até a Belarus de hoje, e para o oeste até a atual Saxônia-Anhalt, na Alemanha. Os agricultores que já viviam ali estavam sempre recuando. Após diversos ataques, a terra ocupada pela cultura neolítica de Salzmünde se restringia a uma região ao redor do que hoje é Halle, no centro da Alemanha, finalmente desaparecendo há pouco mais de 5 mil anos.

Em termos gerais, esse período de expansão a partir do norte foi acompanhado por um declínio na sofisticação das culturas da Europa Central. Não é fácil separar a causa do efeito: os povos da cultura do Vaso de Funil simplesmente se mudaram para uma região que já estava em queda livre ou eles a invadiram e a subjugaram? Uma coisa impressionante a notar é que poucos restos mortais humanos datados de 5.500 a 5.000 anos atrás foram encontrados na Europa Central (exceto em algumas regiões); apenas artefatos e ruínas de assentamentos sobreviveram. Isso poderia significar que os habitantes queimavam os mortos, uma tradição que não sabemos ao certo se foi importada do norte. Supondo que seja esse o caso, isso talvez seja a evidência de um evento catastrófico que mais tarde abriria o caminho para uma nova onda migratória europeia. Mas falaremos disso mais adiante.

"Fósseis genéticos" na Sardenha

A cultura do Vaso de Funil ainda se reflete no DNA europeu, especialmente na Europa Setentrional e na Europa Central. Nos escandinavos, o material genético dos caçadores-coletores é quase tão proeminente quanto o dos agricultores anatolianos; na Lituânia, onde os povos da cultura do Vaso de Funil do leste se assentaram, é ainda *mais* proeminente. No sul da Europa, para onde os imigrantes anatolianos se deslocaram pela primeira vez e aonde o movimento contrário dos escandinavos nunca chegou, os genes anatolianos prevalecem. As pessoas hoje no sul da França e na Espanha quase não apresentam DNA dos caçadores-coletores, e as pessoas na Toscana têm menos ainda. No entanto, a atual Sardenha foi o lugar onde os primeiros agricultores deixaram sua marca genética mais clara. Eles quase não se misturaram, e isso tornou os sardenhos o que chamamos de "fósseis genéticos". Eles são únicos. Mesmo na Anatólia e no Oriente Próximo, não há nenhuma população que tenha permanecido praticamente inalterada desde o Neolítico. É provável que houvesse pouquíssimos caçadores-coletores na Sardenha ou que não houvesse nenhum antes desse período e nenhuma imigração subsequente em grande escala.

O assentamento neolítico na Sardenha sugere que, há 8 mil anos, as pessoas eram capazes de construir barcos ou, pelo menos, jangadas sólidas. Elas precisavam transportar não só famílias inteiras para a ilha, como também seus pertences – que incluíam pelo menos dois bois. O barco mais antigo jamais encontrado, construído há 7.700 anos, foi recuperado no Lago de Bracciano, próximo a Roma. A Sardenha não foi a única ilha a ser povoada nesse período; a ilha vizinha, Córsega, também foi, e cerca de 6.200 anos atrás os agricultores acabaram chegando de barco à Grã-Bretanha de hoje. Até 5 mil anos atrás, os povos do Mar Báltico e do norte da Escandinávia viviam – na verdade, alguns ainda vivem – segundo o estilo de vida dos caçadores-coletores nas vastas florestas incultiváveis. Mas esses grupos eram uma exceção, e, quando os agricultores atravessaram o canal, suas comunidades e seu modo de vida tinham se expandido para toda a Europa.

Tem início a era das doenças infecciosas

Como já vimos, durante o Neolítico a quantidade de populações aumentou, e as pessoas começaram a viver cada vez mais próximas umas das outras e com os animais domesticados, que se tornaram um sustentáculo de todas as casas de agricultores. Nesse período, a Europa era o lar não só de lobos, mas também de caçadores-coletores, que aproveitavam as ovelhas indefesas. Os animais também eram úteis na defesa contra outros agricultores, além de oferecerem o calor necessário nos meses de inverno.

A higiene era um conceito desconhecido. Os animais não eram o problema – embora as parasitoses tenham se tornado cada vez mais comuns quando as pessoas começaram a abatê-los para comer a carne. O modo como esses assentamentos armazenavam alimentos, principalmente grãos e laticínios, era o

Um animal sendo abatido numa aldeia de agricultores.
No entanto, a carne era muito rara; os animais eram
utilizados sobretudo para a obtenção de leite.

maior perigo. Os depósitos de alimentos atraíam roedores e os parasitas que viviam neles: pulgas e piolhos. Em consequência, bactérias e vírus tinham vida fácil nesses assentamentos, conforme as doenças eram transmitidas dos animais para os humanos com facilidade cada vez maior. Enquanto os caçadores-coletores se mudavam com frequência, os agricultores viviam entre os excrementos animais e humanos, o que aumentava o risco de infecções. Conforme os assentamentos ficaram mais apertados – e a privacidade era uma raridade –, a transmissão entre pessoas também se tornou mais frequente. Enquanto os humanos conquistavam o domínio sobre plantas e animais, eles acabaram criando um novo inimigo: as doenças infecciosas. Daquele ponto em diante, elas cobrariam um preço terrível.

CAPÍTULO 5

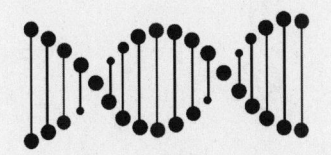

Jovens solteiros

Que fim tiveram os indígenas americanos?
O Oriente entra em colapso, os recém-chegados vêm
do Ocidente. Eles são fortes e têm cavalos.
Bebam mais leite!

Mar do Norte

Oceano Atlântico

Cerca de 4.500 anos atrás

Mar Báltico

Cultura da Cerâmica Cordada

Cultura do Vaso Campaniforme

Alpes

Pirineus

Cerca de 4.200 anos atrás

Cultura do Vaso Campaniforme

Mar Mediterrâneo

5400	5200	5000	4800	4600	4400	4200	4000 anos atrás
Ötzi (o Homem de Gelo)	Desenvolvimento da cultura Yamna (pastores das estepes)		A Cerâmica Cordada começa a se espalhar e os imigrantes chegam das estepes	Surge a cultura do Vaso Campaniforme na Europa Ocidental		Início da Idade do Bronze na Europa Central	

Jovens solteiros

Cultura da Cerâmica Cordada

Cerca de 5.200 anos atrás

Cultura Yamna

Cerca de 4.800 anos atrás

Mar Cáspio

Cárpatos

Cáucaso

Mar Negro

◉ Varna

Cordilheira de Zagros

Cerca de 7.500 anos atrás

Montes Tauro

Mar Mediterrâneo

⬚ Cultura do Vaso Campaniforme
▨ Cultura da Cerâmica Cordada

0   300 km

Cowboys e indígenas

Duas categorias genéticas eram predominantes na Europa durante o Neolítico: o DNA derivado dos caçadores-coletores locais e o DNA dos agricultores, que eram de origem anatoliana. Os europeus carregam as duas, atualmente. No entanto, há ainda uma terceira fonte genética, que é especialmente proeminente no norte e no leste da Europa e muito evidente em outras partes. Levamos algum tempo para descobrir quando e onde esse componente surgiu, porque tanto os primeiros europeus quanto os contemporâneos o compartilham com uma população inesperada: os nativos americanos. Os nativos americanos definitivamente não figuram entre os ancestrais diretos dos europeus, então a explicação para essa ligação genética é um pouco complicada. Tudo começou com a enorme onda migratória até o fim do Neolítico na Europa, há cerca de 5 mil anos, que iniciou uma nova era. Geneticamente falando, foi esse fluxo migratório que fez dos europeus o que eles são hoje.

Em 2012, uma análise do DNA de humanos vivos revelou que os europeus tinham um parentesco mais próximo com os povos indígenas das Américas do Norte e do Sul do que com as pessoas do leste e do sudeste da Ásia. Naquela época, era difícil conciliar isso com o que sabíamos de arqueologia. De acordo com o conhecimento convencional, as Américas foram ocupadas

15 mil anos atrás, durante a fase final da Era do Gelo, através do Estreito de Bering – que ainda era terra seca – e do Alasca. Se a expansão humana tivesse feito um caminho direto da África para a Ásia e de lá para as Américas, os europeus teriam que estar geneticamente mais próximos dos asiáticos orientais do que dos indígenas americanos, já que estes teriam se separado da população asiática há menos tempo. Entretanto, as evidências genéticas contradizem totalmente essa suposição.

Para resolver essa questão, os cientistas criaram uma nova teoria. Nessa visão, as Américas teriam sido povoadas não só por caçadores-coletores da Ásia Oriental, mas também por povos que viviam numa área que se estendia do norte da Europa até a Sibéria. Supõe-se que eles teriam se misturado com os povos da Ásia Oriental e depois migrado para a América do Norte através do Alasca. Isso explicaria a semelhança genética entre os europeus e os indígenas americanos. No entanto, essa teoria nunca vingou, porque os obstáculos climáticos e geográficos da Era do Gelo tornam improvável que os caçadores-coletores da Sibéria Oriental e da Europa tenham procriado com frequência suficiente para gerar uma população uniforme, que, de acordo com essa hipótese, seria a ligação genética entre os indígenas americanos e os europeus de hoje.

Quando sequenciamos o genoma do agricultor suábio em 2014 e o comparamos com o DNA dos humanos que já viviam na Europa, descobrimos quais componentes poderiam ser rastreados até os caçadores-coletores europeus e os agricultores posteriores – e nenhum dos dois é encontrado nos descendentes de indígenas americanos. A ponte genética hipotética desmoronou: nenhum caçador-coletor europeu tinha migrado para as Américas.

A peça final do quebra-cabeça foi encaixada com a descoberta do "menino de Mal'ta", uma criança que viveu há 24 mil anos na região de Baikal, ao norte da Mongólia. Seu genoma é o elo perfeito entre europeus e indígenas americanos, contendo genes compartilhados pelas duas populações hoje. O material genético encontrado no menino de Mal'ta deve ter se misturado com os genes da vizinha Ásia Oriental e depois atravessado a ponte terrestre da Sibéria Oriental e do Alasca para a América do Norte há 15 mil anos – e, de alguma forma e em algum momento, também chegando à Europa. Isso explicaria a afinidade genética entre as populações dos dois continentes. Mas o que aconteceu exatamente? Por que nem os agricultores, que chegaram à Europa há 8 mil anos, nem os caçadores-coletores, que já viviam ali, compartilhavam os genes do menino de Mal'ta? Por que ainda encontramos esses genes em quase todos os europeus hoje, representando um percentual de até 50% do DNA deles?

Em 2015, trabalhando em cooperação internacional, decodificamos os genomas de 69 pessoas que tinham vivido entre 8 mil e 3 mil anos atrás, principalmente na região de Mittelelbe-Saale, na Alemanha. Dessa forma, estabelecemos perfis genéticos para cada uma das diferentes épocas desse longo período e conseguimos descobrir quando cada um desses três componentes genéticos chegou à Europa. Determinamos que o DNA do menino de Mal'ta não estava presente na Europa até 5 mil anos atrás. Isso foi confirmado pelos restos mortais de um humano apelidado de "Ötzi" (também chamado de Homem de Gelo), que viveu há 5.300 anos – ele não carregava nenhum dos genes do menino de Mal'ta. Mas, há 4.800 anos, os genes apareceram nos ossos dos primeiros europeus, não aos poucos, mas de repente e em quantidades enormes. O material genético dos agricultores e dos caçadores-coletores quase desapareceu nesse período.

Muitas pessoas com os genes de Mal'ta devem ter chegado à Europa Central e, em menos de cem anos – mais ou menos cinco gerações –, transformaram por completo o perfil genético da região.[1] Análises genéticas revelaram que o DNA dessas pessoas veio da Estepe Pôntica, uma área ao norte do Mar Negro e do Mar Cáspio, no sul da Rússia.

Em outras palavras, tanto os europeus quanto os indígenas americanos parecem ter obtido boa parte do seu DNA do material genético da Europa Oriental e da Sibéria. Essa área era o lar do que os arqueogeneticistas chamam de "povos antigos da Eurásia do Norte", grupo ao qual pertencia o menino de Mal'ta. O território da Eurásia do Norte se estendia por mais de 7 mil quilômetros, da Europa Oriental até a região do Baikal, englobando a enorme Estepe Cazaque, que se estende até as planícies do Mar Cáspio e do Mar Negro. A leste, os povos antigos da Eurásia do Norte começaram a se espalhar, provavelmente cerca de 20 mil anos atrás, se misturando com os asiáticos orientais. A população resultante foi para as Américas há 15 mil anos, e hoje os povos nativos de lá carregam uma mistura quase uniforme dos genes da Ásia Oriental e dos povos antigos da Eurásia do Norte. Esse componente da Eurásia do Norte só chegou à Europa há cerca de 4.800 anos, mas o fez na velocidade de um trem de carga. Depois, quando os europeus "descobriram" as Américas 500 anos atrás, o ciclo foi encerrado: da perspectiva genética, os colonizadores foram reunidos com parentes muito, muito antigos.

A Europa de quatro componentes

Essa reviravolta na população europeia de 4.800 anos atrás reflete uma onda migratória ainda maior do que a dos agricultores anatolianos. Apesar disso, assim como na onda anterior, ela foi seguida por um período de normalização, quando o DNA das populações locais se recuperou parcialmente. Sobretudo onde os imigrantes das estepes chegaram há menos tempo, no sudoeste do continente, o "componente da estepe" está menos presente na população moderna, embora ainda seja fácil medi-lo. Com essa onda migratória do leste, a miscigenação genética dos europeus chegou ao estado atual.

O DNA da estepe consiste em dois elementos separados. Os povos da Estepe Pôntica descendiam não apenas dos povos ancestrais da Eurásia do Norte, como também dos imigrantes da região do atual Irã – da metade oriental do Crescente Fértil, onde o Neolítico teve início e onde os povos do oeste eram geneticamente diferentes daqueles do leste. O que aconteceu na Europa há 4.800 anos foi um tipo de reencontro entre dois componentes genéticos que tinham existido lado a lado no Crescente Fértil.

Isso significa que os europeus de hoje não são descendentes apenas de caçadores-coletores da Europa e da Ásia; cerca de 60% do material genético deles vem dos habitantes ocidentais e orientais do Crescente Fértil. Graças à migração, nossos ancestrais se estendem por uma multiplicidade de continentes e estilos de vida radicalmente diferentes.

A origem dessa grande onda migratória do leste foi a cultura Yamna, que se estabeleceu na Estepe Pôntica há cerca de 5.600 anos. A cultura Yamna não só produzia vasos de cerâmica, como

Típicos da cultura Yamna, os enormes montes funerários ainda podem ser vistos na Estepe Pôntica. Elas provavelmente também serviam como pontos de orientação nas planícies.

também usava o bronze para fazer facas e adagas. Os povos da cultura Yamna eram muito bem-sucedidos. Eles atravessavam as estepes com enormes rebanhos de ovelhas e bois, parando em cada lugar até o pasto ser esgotado. Dadas as condições da região, esse nomadismo era a forma mais óbvia de agricultura nômade. A estepe não é muito fértil, mas é incrivelmente ampla: muitas vezes, a jornada até o horizonte só pode ser medida em dias de marcha. Montes funerários gigantescos, construídos em todas as partes da estepe, eram outra marca registrada da era Yamna e a principal fonte de informações arqueológicas e genéticas daquele período. Os montes funerários eram usados para venerar os mortos, mas provavelmente também serviam como pontos de orientação na paisagem que de outra forma seria incomensurável. Os montes funerários (também conhecidos como *kurgans*) geralmente consistiam em uma única câmara enterrada sob um monte de terra. Os *kurgans* pequenos tinham 2 metros de altura, enquanto outros chegavam a 20 metros acima do solo. Tanto restos mortais humanos quanto generosos bens sepulcrais foram encontrados nas câmaras: às vezes, os mortos eram enterrados com carroças inteiras ou com todo o conteúdo das próprias casas. Numa das câmaras que investigamos, o condutor ainda estava sentado na carroça. Seu esqueleto revelou mais de duas dezenas de fraturas curadas, semelhante ao de um neandertal ou ao de um cowboy de rodeio da atualidade. A vida de pastor não era nenhum mar de rosas.

DA IDADE DO BRONZE DE VOLTA À IDADE DA PEDRA

As novas descobertas genéticas às vezes deixam os arqueólogos em maus lençóis semânticos. As análises não deixam espaço para dúvidas: 4.800 anos atrás, os povos da cultura Yamna chegaram à Europa. Se colocarmos essa descoberta na linha do tempo arqueológica estabelecida, os imigrantes do leste não só chegaram ao oeste, mas também ao passado. Os povos da cultura Yamna já tinham começado a usar o bronze, então os arqueólogos da Europa Oriental consideram que eles integram a Idade do Bronze. No entanto, na Europa Ocidental (pelo menos na literatura da Europa Central), a Idade do Bronze só teve início 4.200 anos atrás. De certa maneira, então, os imigrantes saíram da Idade do Bronze e entraram na Idade da Pedra. O fato de um punhado de objetos feitos de cobre e bronze já serem usados nesse período – na Europa Central, por exemplo – torna a questão ainda menos clara. Como os povos Yamna da Estepe Pôntica levaram consigo as técnicas de processamento do bronze, acredito que existem boas razões para argumentar que a Idade do Bronze começou na Europa há 4.800 anos, mas, por enquanto, muitos cientistas continuam se referindo a esse período como "Idade do Cobre" ou simplesmente Neolítico Tardio.

Um buraco negro de 150 anos

Os imigrantes do leste não se jogaram de repente na Europa e expulsaram todos que viviam ali. Parece mais provável que eles primeiro tenham avançado para regiões parcialmente inabitadas. Não nos esqueçamos de que quase nenhum esqueleto foi encontrado na Europa Central entre 5.500 e 5 mil anos atrás. Os testes de DNA realizados nos poucos corpos dessa época que foram encontrados revelam genes neolíticos da Anatólia. No entanto, entre 5 mil e 4.800 anos atrás, parece que tudo foi sugado por um buraco negro. Nós não temos praticamente nenhum DNA utilizável da Europa e nenhum objeto. Parece plausível, então, que os imigrantes das estepes tenham chegado a uma região quase inabitada.

Até hoje, só podemos especular sobre os motivos desse vasto fluxo migratório. Para uma transformação genética tão radical ser possível, é razoável supor que a população local despencou antes que essa grande onda chegasse. Creio que existem indicações claras de que houve uma epidemia que se espalhou pela Europa Central e deixou poucos sobreviventes. O mais antigo genoma da peste que foi decodificado data dessa época. Ele foi encontrado nos restos mortais de pessoas da cultura Yamna na estepe e se espalhou de lá para a Europa pelo mesmo caminho que o DNA das estepes. Também existe a possibilidade de ter havido conflitos belicosos entre os recém-chegados e os agricultores. Mesmo nesse cenário, a população da Europa Central já devia ter sido dizimada. Do contrário, teríamos evidências de pessoas assassinadas com o DNA neolítico há 5 mil anos em valas comuns ou em campos de batalha. Não temos.

Também não temos muitas evidências arqueológicas desse período. Essa lacuna nos registros pode ter sido causada em parte pelo estilo de vida dos novos imigrantes. Supondo que eles tenham mantido os hábitos nômades por várias gerações, o que parece plausível pela similaridade da paisagem da Europa Oriental com as estepes, eles não teriam construído nada para os arqueólogos escavarem. Na verdade, praticamente as únicas estruturas que sobreviveram dessa lacuna de 150 anos são montes funerários muito parecidos com os da cultura Yamna. Quanto mais avançamos para a Europa Central, menos comuns se tornam esses montes funerários, e, mais a oeste, eles simplesmente não existem. Quanto mais esses nômades da estepe avançavam em direção às colinas da Europa Central – uma terra que era cada vez mais inadequada para os rebanhos –, menos motivos eles teriam para ficar. Eles também podem ter decidido não considerar montes funerários essas estruturas elaboradas e demoradas se elas parecessem relativamente mundanas, como pareceriam em contraste com a paisagem cheia de colinas.

No período de um século, os imigrantes da estepe tinham alcançado a região de Mittelelbe-Saale na Europa Central. Dois séculos depois, eles chegaram à Grã-Bretanha de hoje, e em nenhum lugar da jornada a mudança genética foi mais flagrante do que ao norte do Canal da Mancha. Enquanto na Alemanha de hoje 70% da estrutura genética foi alterada, na Grã-Bretanha foi pelo menos 90%. Os imigrantes das estepes expulsaram os construtores de Stonehenge, mas continuaram a usar o local e até o desenvolveram ainda mais. Só depois de 500 anos de chegarem à Europa Central é que eles alcançaram a Península Ibérica, o ponto mais distante do continente, mas com muito menos intensidade do que em outros lugares. A Espanha, isolada pelos Pirineus, continuou a ter um papel especial na história genética da Europa, como tinha acontecido na Era do Gelo. Os espanhóis de hoje, assim como os sardenhos, gregos e albaneses, têm a menor carga de genes da estepe de todos os europeus.

De modo geral, esse componente predomina sobre os outros no norte da Europa, enquanto o DNA dos agricultores predomina na Espanha, no sul da França e na Itália, indo até o sul dos Bálcãs. Se os habitantes das estepes preferiam terras planas, o caminho mais curto para o oeste era o que passava pela Polônia e pela atual Alemanha em direção ao norte da França e à Grã-Bretanha. Há cerca de 4.200 anos, o pêndulo foi para o outro lado mais uma vez, quando os genes das estepes começaram a migrar não para o oeste, mas para o leste, agora enriquecidos com o DNA dos agricultores. É por isso que, até hoje, as pessoas nos confins do centro da Rússia e nas Montanhas Altai têm os mesmos genes anatolianos que as pessoas na Europa Ocidental.

Nacionalismo

Andar a cavalo mudou tudo. Essa inovação radical dos povos da estepe permitiu que os genes deles se espalhassem mais e de maneira mais rápida do que qualquer outro grupo até então. Os cavalos não só permitiam que os povos das estepes se locomovessem com mais rapidez, como também os tornaram guerreiros excepcionalmente eficazes. Esses guerreiros, uma cabeça mais altos que os primeiros agricultores da Europa Central, levaram consigo machados de batalha e um tipo novo de arco e flecha, mais curtos do que os conhecidos arcos longos, de modo que fossem suficientemente manuseáveis para serem disparados durante a cavalgada, mas ainda poderosos. A combinação de cavalos velozes e armas portáteis era mortífera. Inúmeros sítios arqueológicos contam a história de confrontos violentos entre os agricultores já estabelecidos e esses recém-chegados. É provável que os machados, encontrados regularmente em cemitérios da Europa Central, tenham desempenhado um papel crucial nessa fase inicial da imigração. Conforme os povos das estepes se movimentavam mais para o oeste e para o sul, o arco e flecha parece ter se tornado sua arma mais comum.

No século XIX, os arqueólogos de países de língua alemã, além daqueles da Escandinávia e da Grã-Bretanha, descreveram esse grupo como a "cultura do machado de batalha". Mais tarde, esse termo foi apropriado pelos nazistas e incorporado à sua propaganda, reinterpretado como um exemplo antigo da superioridade dos alemães como guerreiros. Por razões compreensíveis, outros termos têm sido preferidos desde a Segunda Guerra Mundial. Atualmente, falamos na cultura da Cerâmica Cordada, que recebeu esse nome por conta dos típicos padrões de encordoamento dos seus vasos de cerâmica.

Ao mesmo tempo, a parte ocidental do continente era dominada pelos povos da cultura do Vaso Campaniforme, cujos vasos em forma de sino foram encontrados principalmente na Grã-Bretanha, na França, na Península Ibérica e também nas regiões centrais e meridionais da Alemanha. A produção desses vasos foi levada para a Grã-Bretanha por imigrantes, mas em outros lugares ela se espalhou puramente como uma tendência cultural, de pessoa para pessoa. Isso é contrário à sabedoria arqueológica convencional, que sugere que a produção desse tipo de cerâmica se expandiu para o norte, saindo da região onde hoje fica Portugal e chegando à Grã-Bretanha de maneira paralela e independente da Cerâmica Cordada. No entanto, as últimas descobertas genéticas refutam essa teoria. Em 2018, num estudo de grande escala envolvendo o nosso instituto, entre outros, decodificamos os genomas de cerca de 400 esqueletos de ambas as culturas datados dos períodos anterior e posterior ao fluxo migratório das estepes. Nossos resultados sugerem que a cultura do Vaso Campaniforme só se tornou popular na Grã-Bretanha quando os habitantes anteriores tinham sido quase completamente expulsos pelos povos com DNA das estepes. Ao mesmo tempo, os bens sepulcrais mostram que a cultura do Vaso Campaniforme estava se espalhando para o sul por toda a Península Ibérica, para onde poucos povos das estepes migraram.

Aos leigos em arqueologia de hoje pode não importar muito quando e por que os povos de regiões específicas começaram a beber em certos tipos de copos. Para os arqueólogos, no entanto, essa é uma questão antiga carregada de aspectos políticos. Os arqueólogos e cientistas do início do século XX com conexões com os nazistas argumentavam que um povo com uma cultura compartilhada sempre constituía um *Volk* – o que significava que eles tinham um DNA em comum. A implicação era que tecnologias culturais superiores andavam lado a lado com a superioridade genética; os descendentes da "cultura do machado de batalha", por exemplo, poderiam alegar que tinham o direito genético ao poder e ao controle. Essas teorias culturais, linguísticas e étnicas carregavam uma bagagem política séria na arqueologia dos países de língua alemã após a Segunda Guerra Mundial e foram veementemente condenadas, sendo substituídas pela noção de que as culturas não se difundiam por meio da migração, da conquista e da subjugação, mas por meio de um intercâmbio cultural entre as populações. A ideia de que houve enormes ondas migratórias para a Europa e que elas provocaram mudanças culturais de grande escala provou ser controversa. No entanto, os dados genéticos da Revolução Neolítica – sobretudo os dados da imigração das estepes – são inequívocos. Isso tem sido uma bela dor de cabeça para muitos arqueólogos. Nossas análises da difusão da cerâmica de Vaso Campaniforme para a Península Ibérica e a Grã-Bretanha revelam que o debate não é simples: as mudanças culturais muitas vezes envolvem a migração, mas a migração não é um componente necessário da transmissão cultural.

OS CAVALOS DE PRZEWALSKI NÃO SÃO SELVAGENS DE VERDADE

Os habitantes das estepes levaram muitos cavalos para a Europa; pelo menos, encontramos muito mais esqueletos de cavalos datados dessa época. Nas amplas estepes, os cavalos eram o meio de transporte ideal, pois permitiam que os povos yamna percorressem grandes distâncias e vigiassem grandes rebanhos de gado. Usados em conjunto com a roda e a carroça, eles alimentavam os veículos mais rápidos disponíveis naquele tempo. Na verdade, essa pode ter sido a inovação tecnológica decisiva que permitiu que os yamna fossem para o oeste.

O DNA sobrevivente mais antigo de uma criatura pertence a um cavalo que morreu 750 mil anos atrás e ficou preservado no *permafrost* do Alaska. Os cavalos selvagens também eram nativos da Eurásia desde tempos imemoriais. Eles provavelmente foram domesticados na Estepe Cazaque pelos povos da cultura Botai, que surgiram há 5.700 anos. Na era dos yamna, os cavalos domesticados eram uma parte constante do cotidiano. Por muito tempo suspeitava-se de que os cavalos das estepes foram para a Europa ao lado de seus donos humanos e expulsaram as espécies nativas. Se essa teoria estivesse correta, os cavalos domesticados de hoje na Europa seriam descendentes dos cavalos Botai, enquanto os antigos cavalos selvagens da Europa teriam sido preservados no que hoje chamamos de cavalos de Przewalski: no início do século XX, esse tipo de cavalo tinha sido praticamente extinto, mas, depois de medidas extensivas, agora existem alguns milhares de animais na vida selvagem.

Reconstrução de um cavalo domesticado da Europa Oriental, do qual descendem os cavalos de Przewalski de hoje. Mais tarde, os imigrantes da estepe passaram a usar o cavalo europeu.

No entanto, uma comparação genética dos diferentes tipos de cavalo mostra que essa teoria é incorreta. Os cavalos domesticados modernos não são descendentes dos cavalos Botai, mas os cavalos de Przewalski são. Eles carregam o DNA herdado não dos antigos cavalos selvagens eurasiáticos, mas dos cavalos Botai domesticados que, ao que tudo indica, voltaram a ser selvagens – de modo muito semelhante ao que ocorreu com os mustangues americanos, que descendem dos cavalos domesticados espanhóis. Os imigrantes das estepes pareciam preferir os cavalos selvagens europeus; como cavaleiros experientes, eles domesticaram esses cavalos ao longo de alguns séculos. Ainda não está claro se esses cavalos se originaram na região da Europa Central ou Oriental, mas sabemos que os que cavalgamos hoje são descendentes deles. Quando os humanos começaram a preservar os cavalos de Przewalski, acreditando que eram os últimos cavalos verdadeiramente selvagens, era tarde demais: os cavalos selvagens europeus não existiam mais.

Dominância masculina

As mudanças genéticas que aconteceram no primeiro século depois do fluxo migratório dos povos yamna para a Europa demonstram não só a superioridade numérica dos imigrantes, como também a proporção de homens em relação a mulheres no grupo. O mtDNA dos europeus da Idade do Bronze revelou um desequilíbrio entre os sexos. Se muitas mulheres tivessem migrado das estepes e impulsionado as mudanças genéticas subsequentes, o mtDNA das gerações seguintes (herdado exclusivamente da linhagem feminina) teria que ser dominado pelo componente das estepes. Mas não foi esse o caso. Em vez disso, ocorreu uma mutação acentuada nos cromossomos Y, a parte do genoma transmitida apenas do pai para os filhos. De 80% a 90% dos cromossomos Y da Idade do Bronze eram novos na Europa, mas tinham estado presentes nas estepes. Esses dois fatores sugerem que os homens da estepe foram para a Europa Central e geraram muitos filhos com as mulheres locais. Até 80% dos imigrantes yamna eram do sexo masculino.

Precedentes históricos sugerem que a população masculina local não ficou muito satisfeita com a competição com numerosos cavaleiros corpulentos e houve muita violência. Um dos exemplos mais espetaculares de morte violenta ocorreu há cerca de 4.500 anos em Eulau, na atual Saxônia-Anhalt, onde os habitantes de uma vila da Cerâmica Cordada recém-estabelecida que carregavam os genes das estepes ficavam atraindo as mulheres locais. Oito crianças, três mulheres e dois homens foram executados com flechas diretamente no coração. As flechas encontradas nas vítimas claramente pertenciam à população neolítica já estabelecida ali. Um psicólogo do Serviço Federal de Polícia Criminal que examinou a cena da Idade da Pedra descreveu-a como um homicídio cometido por um franco-atirador altamente habilidoso.

Não se sabe ao certo o que levou os agressores a matarem as mulheres e as crianças, mas alguns arqueólogos defendem uma explicação especialmente arrepiante. Uma análise de DNA das mulheres assassinadas não revelou nenhuma linhagem das estepes, então presume-se que elas eram de um assentamento da população local. Talvez, segundo essa teoria, tenha sido um ato de vingança – ou contra as mulheres, por terem abandonado o grupo, ou contra os homens, por terem "roubado" as mulheres. De qualquer maneira, essa história deve ser vista com alguma reserva. Só o mtDNA das mulheres pôde ser analisado, mas seria necessário um genoma totalmente sequenciado para nos dizer qual era exatamente o grau de parentesco entre as vítimas e se as mulheres realmente não carregavam nenhum gene das estepes.

Os cromossomos Y levados para a Europa pelos imigrantes das estepes ainda são os mais dominantes no continente hoje, ou seja, uma proporção significativa da população pode ter alguns ancestrais das estepes. Mas existe uma fronteira genética entre a Europa Ocidental e a Oriental. Embora a maioria dos homens em toda parte tenha um cromossomo Y das estepes, um subtipo diferente predomina em cada metade do continente europeu: cerca de 70% dos homens europeus ocidentais têm um cromossomo Y do haplogrupo R1b, e cerca de metade dos europeus orientais, do haplogrupo R1a. Embora não devamos superestimar a expressividade dos haplogrupos, que representam uma linhagem única de descendentes seguindo o mtDNA ou o cromossomo Y, existe um notável paralelo com os achados arqueológicos. O R1a é predominante em regiões onde a cultura da Cerâmica Cordada se estabeleceu, enquanto o R1b é encontrado sobretudo em regiões da cultura do Vaso Campaniforme. Isso sugere que, apesar de toda a movimentação humana que ocorreu na Europa desde que essas duas culturas morreram, seus traços genéticos, enraizados numa fronteira geográfica, permanecem ainda hoje. Também é interessante notar, apesar de ser meramente incidental, que na Alemanha o equilíbrio entre homens R1a e R1b é alterado quase exatamente ao longo da fronteira entre as antigas Alemanhas Ocidental e Oriental.

Já tomou seu leite hoje?

Embora a onda migratória das estepes tenha precipitado a maior transformação genética já ocorrida na Europa, seu impacto cultural foi menos radical do que o que aconteceu cerca de 3 mil anos antes, quando os agricultores chegaram da Anatólia. A primeira reestruturação cultural colocou os agricultores contra os caçadores-coletores; a segunda foi de agricultores contra agricultores. Se desconsiderarmos a lacuna de 150 anos nos registros arqueológicos, os assentamentos desenterrados do período subsequente à incursão dos yamna, como o assentamento da Cerâmica Cordada de Eulau, são muito semelhantes àqueles de épocas anteriores. Assim como seus antecessores, os novos colonizadores viviam em aldeias e trabalhavam nos campos das redondezas. Contudo, em pelo menos um ponto central – além da habilidade com o bronze –, os nômades do leste eram radicalmente diferentes dos agricultores do oeste: eram pastores entusiastas. Embora os agricultores estabelecidos normalmente não tivessem mais do que duas vacas, os recém-chegados tinham rebanhos inteiros. A Europa, com seu solo fértil e seu pasto verdejante, permitia que esses ex-nômades deixassem o gado num lugar e criassem raízes. Isso mudou a agricultura na Europa e a dieta dos europeus.

As vacas de 8 mil anos atrás não tinham nada a ver com os animais de alto rendimento dos dias de hoje, que produzem, em média, 50 litros de leite por dia. Uma vaca neolítica devia produzir no máximo 2 litros de leite por dia, embora os humanos tenham começado muito cedo a aumentar essa produção por meio da otimização genética (leia-se: reprodução seletiva), e uma vaca da Idade Média provavelmente produzia de 15 a 20 litros por dia. Além disso, apenas uma pequena parte dos dois litros ordenhados chegava ao estômago dos proprietários dos animais – a sobra era consumida pelos bezerros. O leite restante, compartilhado entre a família do agricultor, mal seria suficiente para uma xícara por pessoa. Isso também era bom, já que os europeus daquela época não eram feitos para digerir grandes quantidades de leite de vaca.

Mesmo hoje, muitas pessoas são intolerantes à lactose. Ao contrário do que se imagina, a intolerância à lactose não é uma alergia nem uma doença; é a condição genética padrão de todos os mamíferos adultos. Quando os humanos mantêm a configuração básica de fábrica, só as crianças pequenas conseguem digerir leite. Elas produzem no intestino delgado uma enzima chamada lactase, que quebra a lactose (o tipo de açúcar encontrado no leite) em açúcares que podem ser absorvidos. Os adultos, que não produzem a lactase, não conseguem usar o açúcar do leite como alimento porque não são capazes de transformá-lo em outros açúcares. Em vez disso, a lactose é quebrada pelas bactérias do cólon, e isso provoca diarreia e flatulência. Esse processo não é perigoso, mas é extremamente desagradável e também pode ser doloroso. Do ponto de vista evolucionário, essa programação genética faz sentido – de outra forma, os bebês competiriam pelo leite materno com outros membros da família, inclusive os pais, em tempos de escassez.

Hoje em dia, até os adultos mais intolerantes à lactose podem beber todo leite que quiserem, pois a lactase pode ser comprada em farmácias sem receita. Na Europa Setentrional e Central, no entanto, a maioria dos adultos não precisava desses comprimidos porque herdou uma mutação bem difundida que afeta o gene que desliga a produção de lactase conforme a pessoa envelhece. Por isso os europeus do norte e do centro continuam a produzir a enzima mesmo na idade adulta. O alastramento dessa mutação ocorreu lado a lado com o aumento da disponibilidade de leite na Europa. Até então, isso não era necessário: mesmo as pessoas com intolerância à lactose podem beber um copo de leite por dia sem problema, embora, na verdade, elas só estejam digerindo a gordura e a proteína do leite, não seu açúcar precioso. Conforme o leite ficou mais disponível com a chegada dos pastores das estepes, a capacidade de tolerar a lactose se tornou uma vantagem evolutiva distinta e se espalhou pela população. A tolerância à lactose não foi importada pelos pastores, mas impulsionada por eles, que aparentemente desenvolveram a mutação depois que se assentaram e passaram a beber mais leite. Até agora, ainda não encontramos nenhum adulto yamna com tolerância à lactose; a pessoa mais velha que encontramos com essa mutação é um indivíduo da cultura da Cerâmica Cordada que viveu 4.200 atrás na Suíça, uma região ainda famosa por seus deliciosos laticínios, inclusive queijos e chocolates.

A mutação atravessou a Europa Central com a atividade pastoreira, se espalhando mais rápido que qualquer outra mutação identificada anteriormente, inclusive a cor da pele. Atualmente, a mutação é mais presente no norte da Europa, onde apenas cerca de 20% das pessoas são intolerantes e não carregam esse gene. Quanto mais ao sul, mais esse número aumenta: a intolerância é mais prevalente nos Bálcãs e na Península Ibérica. No mundo todo, a intolerância à lactose é mais prevalente em grandes partes da África Subsaariana, do Sudeste Asiático e da América do Sul. Mas mesmo na África e no sul da Ásia ainda existem algumas populações onde a mutação do gene da lactase é comum, embora tenha surgido independentemente da variante europeia. O processo de adaptação à pecuária do leite, portanto, parece ter ocorrido em muitas regiões do mundo em paralelo.

A baixa prevalência da tolerância à lactose nos Bálcãs é especialmente surpreendente, já que foi lá que os primeiros agricultores da Europa chegaram com suas vacas há 8 mil anos. Suas preferências alimentares atuais também sugerem que eles são tolerantes à lactose: o *ayran*, uma bebida feita com iogurte, água e sal, é extremamente popular, assim como o próprio iogurte, e o queijo de leite de ovelha é um sucesso de exportação. Todos esses produtos lácteos fazem parte da dieta deles há milhares de anos. Isso também acontece na Itália, onde a maioria das pessoas é intolerante à lactose. Mas a explicação para isso é simples: o iogurte e os queijos em questão são fermentados, por isso a maior parte da lactose já é quebrada por bactérias durante o processo de fabricação. No sul, onde as altas temperaturas estimulam o crescimento das bactérias que preservam os laticínios, as pessoas provavelmente consumiam a maior parte do leite numa forma pré-digerida por bactérias. A situação no norte era bem diferente: o leite ficava fresco por mais tempo, então os próprios habitantes tinham que quebrar a lactose.

O advento da criação de animais em massa

A tolerância à lactose era muito mais do que um efeito colateral interessante das práticas agrícolas em desenvolvimento. As pessoas com essa mutação tinham, em média, mais filhos do que aquelas sem a mutação. Ser tolerante à lactose significava ter acesso a uma fonte extra de alimentos. Isso teria levado a uma saúde melhor e aumentado as chances de ter mais filhos. No norte, onde o solo não era tão fértil quanto no sul, mas era altamente adequado para pasto, o leite provavelmente teria ajudado a compensar a falta de plantações. Não é coincidência os celtas e os teutônicos serem conhecidos pelos romanos como bebedores de leite inveterados.

Nos séculos posteriores à imigração dos povos das estepes para a Europa, cerca de 4.800 anos atrás, a pecuária foi se tornando cada vez mais importante. Os agricultores melhoraram suas técnicas de plantio e conseguiam alimentar mais pessoas, por isso a população cresceu. As culturas do Vaso Campaniforme e da Cerâmica Cordada floresceram; embora as duas tivessem rituais funerários distintos, seus armamentos e suas cerâmicas ficaram cada vez mais parecidos. Recursos limitados levaram à concorrência, mas também os obrigaram a fazer comércio entre si. Graças aos cavalos, à roda e às carroças, as mercadorias podiam ser transportadas por distâncias significativamente maiores do que antes. Há cerca de 4.200 anos, no início da Idade do Bronze, a Europa estava à beira de uma nova era.

O fato de pessoas de diferentes regiões provavelmente conseguirem se comunicar com uma facilidade recém-descoberta também ajudou – como vamos ver a seguir, os imigrantes das estepes introduziram uma nova língua no continente. Parecia que a Europa finalmente estava falando com uma só voz.

CAPÍTULO 6

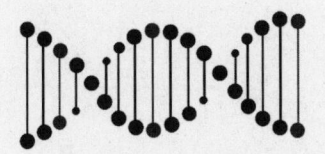

Os europeus descobrem uma língua

Os mortos não contam histórias. Os britânicos não sabem falar a língua eslava. As palavras também sofrem mutações. A resposta está no Irã. A língua se torna política.

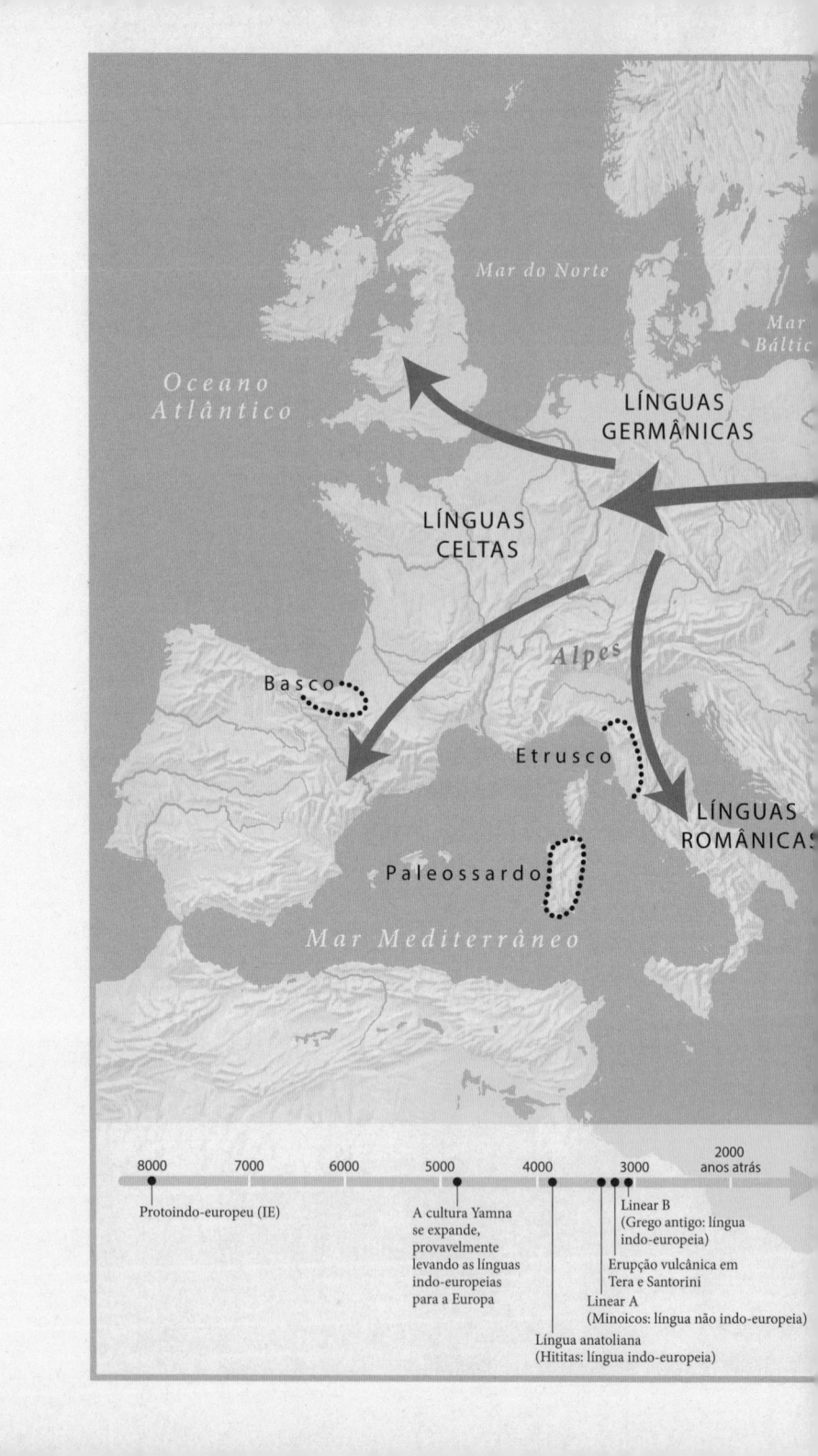

Mar do Norte
Mar Báltico
Oceano Atlântico
LÍNGUAS GERMÂNICAS
LÍNGUAS CELTAS
Alpes
Basco
Etrusco
LÍNGUAS ROMÂNICAS
Paleossardo
Mar Mediterrâneo

| 8000 | 7000 | 6000 | 5000 | 4000 | 3000 | 2000 anos atrás |

Protoindo-europeu (IE)

A cultura Yamna se expande, provavelmente levando as línguas indo-europeias para a Europa

Linear B (Grego antigo: língua indo-europeia)

Erupção vulcânica em Tera e Santorini

Linear A (Minoicos: língua não indo-europeia)

Língua anatoliana (Hititas: língua indo-europeia)

Os europeus descobrem uma língua

LÍNGUAS BÁLTICO-ESLAVAS

Cultura Yamna
cerca de 5.600 anos atrás

Cerca de 4.800 anos atrás

Mar Cáspio

Cáucaso

Mar Negro

ARMÊNIO

LÍNGUAS ANATOLIANAS / LÍNGUAS HITITAS

Cerca de 8 mil anos atrás

PROTOINDO-EUROPEU

Montes Tauro

GREGO / ALBANÊS

INDO-IRANIANO

Minoico (Linear A)

Mar Mediterrâneo

0   300 km

Os ossos não falam

Hoje existem cerca de 6.500 línguas diferentes no mundo, e os linguistas já estudaram todos os detalhes da sintaxe e do vocabulário de cada uma. Quase tudo que sabemos sobre as origens linguísticas se baseia em textos antigos ou no uso moderno. Embora a capacidade dos seres humanos de se comunicar nessa forma complexa e única tenha raízes nos nossos genes, os ossos obviamente não nos dizem nada sobre como seus donos falavam. No entanto, as análises genéticas dos últimos anos impulsionaram nossa compreensão das línguas. Usando o DNA e as árvores linguísticas, conseguimos explicar bem melhor quando e como as línguas de hoje se espalharam pela Europa e pela Ásia. Os imigrantes das estepes provavelmente levaram uma nova família de línguas para a Europa – línguas que foram predecessoras de quase tudo que é falado hoje no continente. Mas as estepes eram apenas um local de passagem. A origem das línguas atuais parece ter sido a região da Armênia, do Azerbaijão, do leste da Turquia e do noroeste do Irã.

Quase todas as línguas que ouvimos hoje – do islandês ao grego, do português ao russo e ao hindi – derivam de uma raiz comum. Todos nós aprendemos isso na escola, mas essa afirmativa não combina com a nossa experiência. Existem regiões na Baviera e na Saxônia onde os habitantes de uma aldeia não conseguem entender alguém a sete aldeias de distância, muito menos alguém que fala uma das muitas outras variantes que surgiram nos países de língua alemã. Apesar disso, esses dialetos pertencem à mesma família linguística: todos são indo-europeus. Ao longo de um cinturão que sai da Índia e do Irã, passando pela Europa continental e chegando à Islândia, as estruturas gramaticais e as inúmeras palavras podem ser rastreadas até um único ponto de origem. Voltando um pouco mais no tempo, chegamos à raiz de todas as línguas indo-europeias, uma língua comum conhecida como protoindo-europeu. As exceções a essa regra são o basco, o húngaro, o finlandês e o estoniano, além de algumas línguas menos faladas do nordeste da Europa.

A protolíngua é um constructo teórico. Nunca saberemos com exatidão como ela soava. Os pesquisadores tiveram que recorrer a fontes escritas, mas quando a escrita se desenvolveu as línguas indo-europeias já eram distintas. Os textos antigos e as línguas atuais oferecem indícios, mas nosso entendimento da origem e da difusão das línguas indo-europeias se baseia em conjecturas. A arqueogenética não mudou isso, mas certas hipóteses linguísticas são mais consistentes com os dados genéticos do que outras.

Há décadas existem duas teorias concorrentes principais sobre como as línguas indo-europeias chegaram à Europa. Uma teoria sugere que elas chegaram com a Revolução Neolítica, há 8 mil anos. A outra diz que elas chegaram há 5 mil anos, com o fluxo migratório das estepes. A propósito, ambas as teorias foram apresentadas antes de termos provas genéticas dessas duas ondas migratórias épicas. A hipótese das estepes pressupõe que essa onda aconteceu mesmo, razão pela qual ela foi desacreditada por muito tempo, especialmente por arqueólogos, cuja maioria questionava que essa migração tivesse acontecido. Eles preferem a visão neolítica, argumentando que as línguas indo-europeias chegaram ao oeste da Eurásia com a mudança cultural que levou à agricultura. Essa teoria não necessariamente pressupõe um fluxo migratório, porque trabalha com a premissa de que a linguagem, assim como outras tecnologias culturais, pode ser transmitida de pessoa para pessoa.

Análises recentes estabeleceram um novo conjunto de fatos, mas não puseram fim ao debate. Embora hoje tenhamos certeza de que ondas migratórias colossais ocorreram entre 8 mil e 5 mil anos atrás e que, em ambos os casos, a população local foi quase toda expulsa, ainda não sabemos ao certo qual das duas ondas migratórias levou as línguas indo-europeias. Na minha opinião, o modelo das estepes é mais sustentado pelos dados genéticos, como explicarei brevemente.

Erupção vulcânica em Santorini

Para compreender o desenvolvimento do indo-europeu, é de grande valia dar uma olhada nos gregos antigos – os gregos bem antigos. Os linguistas do século XX não só descobriram o parentesco entre as línguas indo-europeias como também decodificaram os primeiros registros escritos conhecidos do mundo. A língua indo-europeia mais antiga preservada na forma escrita era falada pelos hititas, um povo que viveu na Anatólia até cerca de 3.200 anos. No último século, também temos conhecimento de que a língua indo-europeia escrita mais antiga encontrada na Europa era uma ancestral do grego antigo e, portanto, do grego moderno: o miceniano. A língua era escrita em uma forma conhecida como Linear B e falada pelos povos da cultura miceniana, que estabeleceram uma das primeiras civilizações avançadas na Europa há cerca de 3.600 anos.[1] Eles viviam na Grécia continental e eram ancestrais dos gregos – em conjunto com os minoicos, membros de uma civilização avançada que se desenvolveu ainda mais cedo na ilha de Creta. Os minoicos utilizavam uma escrita diferente, que os pesquisadores chamam de Linear A. As lineares A e B têm características em comum, e os sinais individuais também são semelhantes, mas só a Linear B foi decifrada; a Linear A continua a intrigar os linguistas. Sabemos que a escrita Linear B representa uma língua precursora do grego e, portanto, é uma língua indo-europeia. A Linear A usa uma escrita semelhante, mas a língua que ela representa é um mistério.

O que significam essas diferenças fundamentais entre as escritas, já que as duas culturas eram tão interligadas? Para explorar essa questão, recentemente analisamos o DNA de pessoas de ambas as civilizações que viveram nas ilhas gregas e ao redor do Mar Egeu. Desde o início ficou claro que tanto os minoicos quanto os

Os minoicos usavam a escrita chamada Linear A. Até hoje ela nunca foi decifrada. Ao contrário da língua falada na Grécia continental mais ou menos no mesmo período, a língua escrita Linear A provavelmente não é indo-europeia.

micenianos descendem dos imigrantes neolíticos vindos da Anatólia, ou seja, as duas populações tinham um parentesco estreito. Apesar disso, havia algumas diferenças genéticas significativas. Os micenianos no continente também carregavam o componente das estepes no DNA, enquanto os minoicos não. Em outras palavras, o componente das estepes chegou aos micenianos no continente grego, mas não aos minoicos em Creta. As línguas diferentes das culturas vizinhas talvez possam ser explicadas pelo padrão da imigração – alguns dos ancestrais dos micenianos devem ter ido das estepes para a Grécia, levando consigo uma língua indo-europeia. A Linear B acabou substituindo a Linear A, provavelmente depois que há 3.600 anos a erupção de Santorini, uma ilha vulcânica, enfraqueceu os minoicos e deixou a ilha vulnerável para os micenianos vizinhos. Pode ser por isso que o grego, um descendente linguístico da Linear B, hoje é falado em Creta.

As variantes indo-europeias substituíram inúmeras línguas regionais. O etrusco, outra língua não indo-europeia transmitida

Um afresco da Idade do Bronze da ilha vulcânica de Santorini retrata uma procissão de navios minoicos. Eles viveram principalmente em Creta. A língua dos minoicos desapareceu junto de sua cultura.

pela escrita, desapareceu e foi substituído pelo latim depois que o território dos etruscos, na atual região da Toscana e arredores, foi conquistado pela República Romana, que estava se expandindo a partir do atual norte da Itália. No entanto, duas outras línguas não indo-europeias desse período sobreviveram até os dias de hoje. O paleossardo é uma delas, embora apenas algumas palavras tenham permanecido. É possível encontrar vários rios, aldeias e montanhas na Sardenha com nomes que claramente não são de origem indo-europeia. A outra é o basco, que ainda é falada hoje em partes do norte da Espanha e do sul da França. Outras línguas que se mantiveram depois da chegada dos povos das estepes ainda existem na Escandinávia, na região dos Bálcãs, no norte da Rússia e na Hungria. Essas línguas fino-úgricas provavelmente vieram do norte da Ásia quando o indo-europeu já estava estabelecido no continente. Documentos históricos e dados arqueológicos sugerem que elas devem ter chegado à Hungria no fim do primeiro milênio d.C. e à Escandinávia ainda mais cedo.

Antes do indo-europeu

Para responder à pergunta sobre quais línguas os povos da Europa falavam antes que o indo-europeu passasse a predominar, vale a pena dar uma olhada no paleossardo e nos próprios sardenhos, a única população na Europa amplamente constituída por descendentes dos agricultores anatolianos. Eles não têm praticamente nenhum DNA dos caçadores-coletores, um sinal claro de que ninguém (ou quase ninguém) vivia na ilha antes da chegada dos agricultores. Portanto, parece razoável supor que uma língua precursora do paleossardo, provavelmente ainda falada na Sardenha até cerca de 2 mil anos atrás, chegou à Europa a partir da Anatólia há 8 mil anos. Isso não significa que todas as línguas faladas na Europa durante o Neolítico chegaram nesse período; as línguas faladas pelos caçadores-coletores também podem ter sobrevivido. Contudo, é pouco provável que os anatolianos tenham se adaptado para se comunicar com os caçadores-coletores aprendendo a língua deles – a língua de uma cultura que a experiência histórica e contemporânea sugere que eles consideravam inferior. Mesmo assim, os caçadores-coletores, vivendo em suas sociedades paralelas, podem ter se agarrado às próprias línguas.

O basco às vezes é visto como um resquício da era dos caçadores-coletores europeus, mas os dados genéticos não confirmam isso. Os bascos têm mais DNA dos caçadores-coletores do que os europeus da Europa Central, mas esse DNA é amplamente ofuscado pelas linhagens das estepes e dos agricultores. As análises genéticas dos primeiros agricultores bascos também revelaram uma proporção muito alta de genes anatolianos, ainda mais alta do que a dos atuais habitantes da região. É provável que o basco, o paleossardo, o minoico e o etrusco tenham se desenvolvido no continente ao longo da Revolução Neolítica. Infelizmente, a verdadeira diversidade das línguas que existiram na Europa nunca será conhecida.

Alguns pesquisadores acham que o indo-europeu foi importado pelos agricultores anatolianos, mas isso também parece improvável. Sabemos que uma segunda onda migratória – os recém-chegados das estepes – aconteceu depois da chegada dos agricultores, por isso precisamos perguntar qual língua essa nova população levou consigo. Alguns proponentes da hipótese da origem anatoliana argumentam que os povos das estepes podem ter levado o eslavo, um ramo do indo-europeu. Nesse cenário, as línguas indo-europeias teriam vindo da Anatólia há 8 mil anos e se espalhado tanto rumo ao oeste, para a Europa, quanto rumo ao norte, para a Estepe Pôntica. Enquanto os ramos do indo-europeu se desenvolviam na Europa durante o Neolítico, o eslavo estava se desenvolvendo em paralelo nas estepes, só chegando à Europa há 5 mil anos. No entanto, essa hipótese não é apoiada por evidências: os imigrantes das estepes expulsaram 90% da população local da atual Grã-Bretanha, mas hoje não há nenhum rastro da influência eslava nas línguas faladas ali.

A título de esclarecimento: desvios, interações e desenvolvimentos cambaleantes na formação de uma língua não são inconcebíveis. As línguas raramente partem de A para B e depois se tornam C e D. Assim como os genes das pessoas que as transportam, elas são uma fusão de influências muito diferentes. Uma nova teoria sobre a origem das línguas indo-europeias que meus colegas e eu desenvolvemos também se baseia nessa premissa básica, e nós acreditamos que as estepes foram uma passagem para a difusão do indo-europeu – mas não no modelo que acaba de ser descrito.

Língua é matemática

Vários anos de trabalho e muitos debates levaram meus colegas e eu a desenvolver uma nova teoria híbrida sobre a origem do indo-europeu. Para nosso modelo, usamos os dados genéticos sobre as ondas migratórias europeias durante as Idades da Pedra e do Bronze e chegamos a um método que nos permite ter um vislumbre do nosso passado linguístico. Incorporamos técnicas que costumam ser usadas na genética, baseados no fundamento de que aquilo que se aplica ao DNA também se aplica às línguas: elas sofrem mutações numa frequência relativamente constante. A partir do DNA de dois indivíduos, um geneticista pode calcular quando viveu o mais recente ancestral comum aos dois. Na linguística, podemos pegar duas palavras intimamente relacionadas – como a palavra "escada" em alemão, *leiter*, e em inglês, *ladder* – e rastrear o caminho contrário, descobrindo quantos passos devem existir entre as duas variantes e a palavra de origem. Essas taxas de mutação foram calculadas para milhares de palavras de inúmeras línguas indo-europeias para gerar uma árvore genealógica que mostra quando as diferentes línguas se ramificaram. A forma dessa árvore muitas vezes espelha a árvore genealógica das populações humanas: o alemão, o dinamarquês e o inglês, por exemplo, têm ancestrais comuns mais recentes do que o alemão e o italiano.

Russell Grey, meu colega no instituto, conseguiu estender a árvore genealógica linguística até muito antes das primeiras fontes escritas do indo-europeu. Com seus colegas, ele analisou as diferenças entre as línguas indo-europeias conhecidas mais antigas – miceniano, hitita, grego antigo e latim antigo – e conseguiu calcular quantas vezes elas devem ter sofrido mutações desde que se separaram. A mais recente ancestral comum de todas as línguas indo-europeias, de acordo com os cálculos deles, era falada há cerca de 8 mil anos.

Esse número é de conhecimento público desde 2003 e sugere fortemente que o indo-europeu migrou para o oeste com os agri-

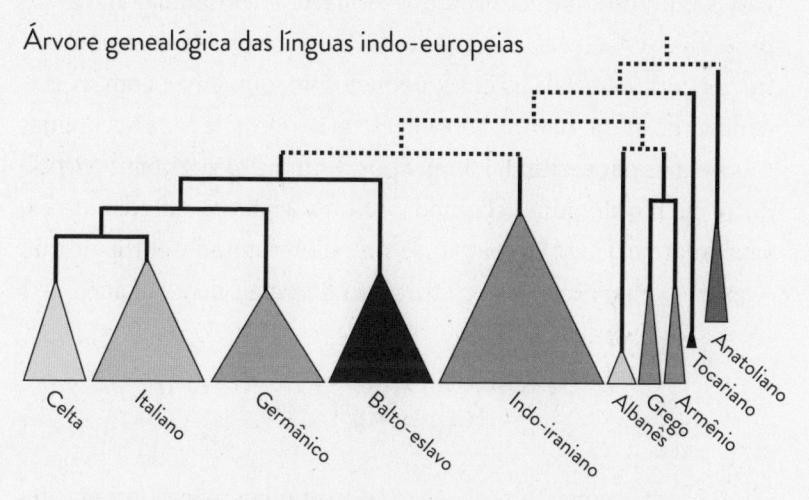

Árvore genealógica das línguas indo-europeias

De acordo com a teoria híbrida desenvolvida em Jena, as línguas indo-europeias se originaram no atual Irã. O anatoliano e o tocariano (então falados no oeste da China) não existem mais.

cultores anatolianos. No entanto, dados genéticos desenterrados nos últimos anos refutaram essa tese. Está claro que as línguas indo-europeias não eram faladas apenas na Europa, mas também na Índia, no Afeganistão e no Paquistão. Embora seja verdade que a agricultura se espalhou para o oeste e para o leste a partir do Crescente Fértil há 8 mil anos, se o indo-europeu se originou nesse período, os povos do oeste e do leste teriam que falar a mesma língua ou línguas muito semelhantes, que eles exportariam nas duas direções. Até recentemente, não havia nenhuma evidência do contrário; afinal, o Crescente Fértil representava um círculo cultural homogêneo entre as atuais regiões de Israel e Irã. Mas, como sabemos, dados genéticos sugerem que as populações orientais e ocidentais do Crescente Fértil eram dois grupos fundamentalmente diferentes – tão diferentes quanto os europeus e os chineses de hoje – e devem ter se separado há muito mais do que 11 mil anos; o mesmo deve ter acontecido com suas línguas. As origens do indo-europeu, portanto, devem datar de pelo menos 11 mil anos atrás, não 8 mil anos, o que torna questionável a teoria anatoliana. Os proponentes da teoria das estepes tinham um problema semelhante, pois o modelo deles era igualmente incompatível com as evidências de que a mais recente ancestral comum de todas as línguas indo-europeias existiu há 8 mil anos. Embora eles tenham partido do princípio de que a chamada cultura Maikop, situada entre o Mar Negro e o Mar Cáspio, disseminou o protoindo-europeu para o leste e para o oeste, essa cultura não tem mais de 6 mil anos.

Raízes no Irã

Ainda assim, é muito provável que as línguas indo-europeias tenham sido levadas das estepes para a Europa há 5 mil anos. Em todos os lugares onde as línguas indo-europeias são faladas hoje há uma proporção significativa do DNA das estepes: mais precisamente, os componentes genéticos que migraram do Irã de hoje para a Estepe Pôntica durante o Neolítico. O mesmo vale para o Irã, o Afeganistão e o Paquistão de hoje, assim como para a Europa. No subcontinente indiano, que abriga um sexto da população mundial, os genes das estepes aparecem muito. No norte, eles constituem um terço do DNA da maioria das pessoas. Os habitantes do sul têm um percentual significativamente menor, correspondendo perfeitamente à distribuição das línguas indo-europeias. O sul da Índia é dominado pelas línguas dravidianas, que não pertencem à família indo-europeia, enquanto no norte um ramo do indo-europeu é bem disseminado. Essa região também tem a chave para resolver o debate relacionado à mais recente ancestral de todas as línguas indo-europeias.

A expansão da agricultura a partir do leste do Crescente Fértil também é chamada de Neolítico Iraniano, já que essa expansão ocorreu em paralelo ao movimento dos agricultores anatolianos – mas de maneira independente. Nessa época, os povos do atual Irã avançaram em direção ao leste até o norte da Índia, e em direção ao norte através do Cáucaso. Em outras palavras, há cerca de 8 mil anos esses imigrantes se tornaram os ancestrais das pessoas no Paquistão, no Afeganistão e no norte da Índia de hoje – e dos povos da cultura Yamna. Presume-se que foi assim que o indo-europeu se espalhou para todas essas regiões. Depois, há 5 mil anos, os yamna levaram essa língua para a Europa. Além disso, é possível que os yamna e seus descendentes tenham levado as línguas indo-iranianas para o leste. Análises genéticas revelaram que os genes yamna se espalharam para a Ásia Central e as Montanhas Altai mais ou menos na mesma época em que se espalharam para a Europa. Existe uma língua extinta chamada tocariano que era falada no oeste da China até mil anos atrás, e é muito possível que a maior parte da Ásia Central falasse uma forma de indo-iraniano durante a Idade do Bronze. Portanto, é plausível que as línguas indo-iranianas tenham sido levadas das estepes da Ásia Central para a Índia e o Paquistão durante a Idade do Bronze. Embora não saibamos ao certo a rota exata que essas línguas percorreram, temos quase certeza de que as línguas indo-europeias se originaram no Crescente Fértil, como supõem os proponentes da teoria anatoliana, mas não, como eles sugerem, no oeste e no centro da Anatólia; em vez disso, elas surgiram no norte do Irã. Da mesma forma, os defensores da tese das estepes provavelmente têm razão ao sugerir que o indo-europeu saiu das estepes para a Europa e, talvez, para a Ásia Central e Meridional. Mas isso não significa que ele surgiu lá. É por isso, também, que chamamos a nossa nova hipótese de hipótese híbrida, já que inclui tanto a origem do protoindo-europeu no leste da Anatólia quanto a disseminação através das estepes.

A Anatólia tem um papel crucial na história das línguas europeias. Nossa hipótese sugere que ela deu origem ao protoindo-europeu no leste e foi a fonte do que se tornaram as línguas do Neolítico na Europa há 8 mil anos no oeste. Na própria Anatólia, as línguas dos agricultores anatolianos provavelmente foram substituídas quando os povos do Neolítico Iraniano se expandiram para a região há cerca de 6 mil anos – conforme demonstrado pelos nossos dados genéticos. A Europa pode ter continuado a ser o lar das línguas originadas com os agricultores anatolianos, enquanto a própria Anatólia adotava a língua indo-europeia. Hoje, no entanto, a Turquia é um dos poucos países europeus onde as línguas indo-europeias, como o curdo e o zazaki, são faladas por uma minoria, enquanto a área onde as línguas turcas são faladas pela maioria se estende da Turquia até a região das Montanhas Altai, passando pelo Azerbaijão e pelo Uzbequistão. O início do fim da história linguística indo-europeia na Anatólia se deu no século XI, quando os guerreiros de línguas turcas começaram a conquistar o país. Hoje, apenas cerca de 20% da população da Turquia fala línguas indo-europeias.

A língua como instrumento de poder

Conforme os imigrantes chegavam das estepes, as línguas germânicas – inclusive o inglês e o alemão – começaram a se desenvolver no norte e no centro da Europa. As línguas itálicas – inclusive o latim vulgar, ancestral de todas as línguas românicas de hoje – surgiram, assim como o albanês e o armênio. Estas têm um lugar especial na história linguística do indo-europeu porque são os únicos exemplos do seu tipo específico de língua; em outras palavras, são um subgrupo direto do indo-europeu, sem nenhum ramo adicional. O grupo balto-eslavo se desenvolveu, assim como o celta, que foi preservado em alguns cantos das ilhas britânicas e da Bretanha. Durante a época da cultura do Vaso Campaniforme, o celta devia ser amplamente falado na Europa Ocidental, até o Império Romano avançar para o noroeste. Das línguas helênicas que surgiram na época, só o grego continua até hoje. E o Oriente Médio é o lar do grande ramo indo-iraniano das línguas indo-europeias.

Hoje, com 3 bilhões de falantes, o indo-europeu é a família das línguas mais faladas. Os poderes colonizadores da Europa levaram essas línguas para a Austrália, partes do sul da Ásia e para a África, onde as línguas europeias muitas vezes são faladas como segunda língua ou, em alguns casos, como primeira, e para as Américas. Qualquer pessoa que já tentou entender o inglês falado na Índia (onde o hindi também é uma língua indo-europeia) deve ter notado como as línguas se desenvolvem rapidamente. O francês falado na África que foi colonizada pelos franceses também é diferente do que é falado na França, e o espanhol falado nas antigas colônias é diferente da língua usada na Espanha.

Se as línguas fossem estáticas, conseguiríamos fazer uma viagem completa de trem pelo sul da Europa armados apenas com o latim – ou, melhor ainda, com o protoindo-europeu. Mas a realidade é que até os pais às vezes acham frustrantemente difícil acompanhar as conversas dos filhos adolescentes. Dito isso, as línguas hoje em dia não se desenvolvem nem de perto com a mesma rapidez de antigamente, porque já faz tempo que elas são obrigadas a aderir a padrões rigorosos. O espanhol, por exemplo, é uma língua relativamente estável há 500 anos porque adotou uma forma escrita fixa desde cedo. Na Alemanha, esse desenvolvimento começou com a tradução da Bíblia feita por Lutero, e regras definitivas para a soletração foram estabelecidas no século XIX pelo dicionário Duden, o maior dicionário da língua alemã. As línguas padronizadas que conhecemos hoje, portanto, são muito distantes das raízes indo-europeias que têm em comum. A dominância do inglês, no entanto, pode estar tornando as línguas mais semelhantes depois de um longo período de divergência.

Há 5 mil anos, então, o panorama linguístico da Europa foi significativamente alterado pela imigração pela última vez. Embora os romanos tenham espalhado sua língua do Atlântico até o Mar Negro, eles não migraram em massa para esses locais. A grande onda migratória vinda das estepes teve o mesmo impacto na língua dos europeus que nos seus genes: ela estabeleceu os alicerces da casa em que os europeus vivem hoje. Sendo assim, a jornada das nossas línguas também é a jornada dos nossos genes, que moldaram o que falamos e como comunicamos quem somos. Mas a casa em si não foi construída pelas imigrações, mas pelos grandes impérios que surgiram a partir do terceiro milênio a.C. e que moldaram a história subsequente da Europa. Com a chegada desses impérios, a Idade do Bronze começou.

CAPÍTULO 7

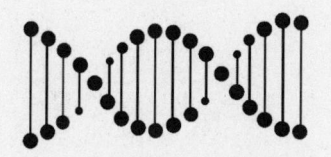

Navios de refugiados no Mediterrâneo

A Europa sai da Idade da Pedra.
Os pais deixam tudo de herança; as filhas deixam o ninho.
Conflitos no Oriente Próximo.
Nenhum lugar está acima da lei.

- ◇ Jazidas de estanho na Idade do Bronze
- ☐ Jazidas de cobre na Idade do Bronze

Mar do Norte

Vale Tollense ⊙

Disco de Nebra ⊙

Cultura de Únětice

Oceano Atlântico

⊙ **Augsburgo**

Alpes

Pireneus

Mar Mediterrâneo

| 5000 | 4800 | 4600 | 4400 | 4200 | 4000 | 3800 | 3600 | 3400 | 3200 anos atrás |

- Imigração vinda das estepes
- Cultura de Únětice
- Império acádio
- Início da Idade do Bronze na Europa Central, provocando uma era de intenso comércio de matérias-primas
- Disco de Nebra
- Batalha no Vale Tollense

Navios de refugiados no Mediterrâneo

Cárpatos

Mar Cáspio

Cáucaso

Mar Negro

Montes Tauro

Cordilheira de Zagros

Babilônia ⊙

Mar Mediterrâneo

Assírios ⊙ Ur
(Império Acádio
4.300-4.200 anos atrás)

0 — 300 km

O progresso com o Bronze

A Europa provavelmente nunca viveu uma turbulência genética maior do que no fluxo migratório das estepes. O mais impressionante é que essa turbulência não tenha provocado uma revolução cultural imediatamente. Como já vimos, existe uma lacuna de 150 anos nos registros arqueológicos, que estimulou todo tipo de especulações sobre o que pode ter acontecido nesse período. Mas, de acordo com as evidências que existem, a vida seguiu seu rumo como antes. Os nômades das estepes se tornaram agricultores assentados, vivendo de forma bem semelhante a seus predecessores, em assentamentos quase indistinguíveis entre si. Então, há 4.200 anos na Europa Central, a Idade do Bronze começou, catapultando o planeta para uma nova era. Contudo, ao contrário da Revolução Neolítica, a mudança cultural não foi precedida de uma migração. Essa nova era foi iniciada pelos mesmos povos que tinham desenvolvido as culturas da Cerâmica Cordada e do Vaso Campaniforme ao longo dos 600 anos anteriores. Do ponto de vista genético, nada tinha mudado; do cultural, tudo mudou.

A fase de transição do Neolítico para a Idade da Pedra é chamada de Idade do Cobre. Foi nessa época que as pessoas começaram a minerar recursos naturais, arrancando o material macio e de coloração avermelhada da terra. Na Europa, isso começou nos Bálcãs. O progresso, então, mais uma vez derivou da mesma área que a agricultura e a cerâmica. A cerâmica, em especial, foi crucial para trabalhar com o cobre: eram necessárias altas temperaturas para manipular o novo metal, por isso os fornos de cerâmica eram essenciais. Mas a mineração e o processamento do cobre eram apenas tecnologias intermediárias. Embora o material pudesse ser usado para produzir joias e armas leves, ele ainda era maleável demais para ferramentas e armas depois de ser forjado. O cobre só endurecia com o acréscimo do estanho: a liga resultante era o bronze. Essa tecnologia se tornou muito difundida primeiro no Oriente Próximo, há 5 mil anos. O novo metal pavimentou o caminho para o futuro, oferecendo possibilidades totalmente novas para produzir armas, ferramentas e implementos agrícolas. O bronze não era apenas um novo material; ele permitiu que as pessoas entrassem numa esfera de produção até então desconhecida.

A descoberta do cobre e o desenvolvimento do bronze foram pré-requisitos importantes – embora não fossem os únicos – para o surgimento das primeiras civilizações avançadas. Os alicerces dessas civilizações já tinham sido estabelecidos no Oriente Próximo e na região do Mediterrâneo no quarto milênio a.C., enquanto os caçadores-coletores ainda estavam rondando pelas florestas em algumas regiões do centro e do norte da Europa. Cidades como Ur e Babilônia surgiram às margens dos rios Eufrates e Tigre, enquanto o reinado dos faraós prosperava no Egito. Na Anatólia, o Império Hitita tinha muito poder e, na Europa, os minoicos e os micenianos desenvolveram as primeiras civilizações.

O norte estava atrasado economicamente, mas não isolado. Durante o terceiro milênio a.C., as sociedades europeias intensificaram suas relações comerciais, e o bronze teve um papel crucial. Embora as técnicas de produção do bronze estivessem se desenvolvendo no sul, a região tinha apenas reservas precárias de estanho. Essa matéria-prima era mais concentrada em áreas bem ao norte das primeiras civilizações, especialmente na Cornualha, na Bretanha, no noroeste da Península Ibérica e nos montes Metalíferos, na Alemanha. Um sistema dinâmico de comércio se desenvolveu: o estanho ia para o sul enquanto o conhecimento era canalizado para o norte e o oeste da Europa. O bronze e os produtos feitos com ele tiveram um impacto cada vez mais profundo nas sociedades, nas famílias e nos indivíduos, impulsionando uma transição para um mundo de propriedade, hierarquia e patriarcado. Essas mudanças a varejo no modo como vivíamos podem ser rastreadas nos nossos genes.

A invenção do patriarcado

A partir de cerca de 2.200 a.C., as culturas do Vaso Campaniforme e da Cerâmica Cordada se fundiram na cultura de Únětice, concentrada principalmente no centro da Alemanha, que deixou o famoso Disco de Nebra para a posteridade. Às margens do rio Lech, perto de Augsburgo, no sul da Alemanha, havia outra região onde essas duas culturas viviam em proximidade, embora cada uma tivesse seus próprios assentamentos, costumes, rituais fúnebres e, provavelmente, línguas. Elas se desenvolveram e se transformaram em outra cultura da Idade do Bronze durante o mesmo período que a cultura de Únětice nessa região perto do rio Lech. É provável que o modo de vida deles fosse parecido com o de outras sociedades da Europa Central na época. As pessoas viviam em propriedades rurais que, na maioria das vezes, consistiam em uma casa, um celeiro e um estábulo para os animais. Elas enterravam os mortos em cemitérios próximos. O DNA preservado nesses túmulos sobreviveu até hoje, mais ou menos 4 mil anos depois, oferecendo um vislumbre das suas condições de vida e da sua organização social.

Examinamos o DNA de quase 100 pessoas enterradas nos assentamentos de Lech, que morreram entre 2.500 e 1.500 a.C. durante a transição para a Idade do Bronze. Sequenciamos seus genomas e fizemos uma análise isotópica do estrôncio nos seus dentes. Essa análise usa um princípio simples: diferentes formas de estrôncio podem ser absorvidas pelo esqueleto humano de acordo com a sua dieta – em outras palavras, ao consumir vegetais e animais. Esses isótopos têm massas diversas e são encontrados em concentrações relativas diferentes de acordo com a região geográfica. Como os seres humanos durante esse período obtinham seus alimentos exclusivamente de fontes locais, a concentração relativa pode nos dizer onde eles cresceram. Certas partes do esqueleto – por exemplo, o esmalte dos dentes molares – se formam durante a infância e absorvem o estrôncio, então também podemos determinar se uma pessoa passou a vida toda num só lugar ou se tinha uma vida mais nômade. O processo não funciona nos humanos de hoje porque a maioria dos nossos alimentos vem de fontes muito distantes do nosso ambiente imediato.

Realizamos uma análise isotópica do estrôncio em 83 pessoas enterradas perto do rio Lech: 26 homens, 28 mulheres, e as demais eram crianças. Era possível esperar uma proporção semelhante entre os locais e os recém-chegados em adultos de ambos os sexos. Mas não foi isso que aconteceu. Dezessete mulheres (quase dois terços) e um homem tinham vindo de outro lugar no fim da adolescência. Essa clara disparidade na proporção entre homens e mulheres não pode ser descartada como uma coincidência. Parecia uma evidência de um processo deliberado de troca entre regiões. Se os assentamentos que estudamos realmente eram típicos do início da Idade do Bronze, isso indicaria uma relação completamente nova entre os sexos. Enquanto os homens permaneciam em seus assentamentos, as mulheres com quem eles se casavam muitas vezes vinham de outros lugares; isso sugere o surgimento de uma hierarquia, com os homens no topo. Muitas esposas eram forasteiras e também deviam enviar as filhas para outros lugares quando elas chegavam à idade de se casar.

No entanto, os cemitérios não indicam nenhuma discriminação contra as mulheres. Pais e mães recebiam a mesma quantidade de bens sepulcrais. Por outro lado, os mortos que não eram parentes de outras pessoas enterradas nos cemitérios recebiam poucos bens sepulcrais, quando recebiam algum. Isso sugere que eles tinham um status social baixo e provavelmente eram trabalhadores e forasteiros. As casas tinham uma estrutura semelhante àquela desenvolvida mais tarde por gregos e romanos e consistiam em famílias nucleares e servos escravizados ou trabalhadores assalariados. Por meio de uma análise do DNA, conseguimos identificar homens de cinco gerações consecutivas em algumas sepulturas familiares, mas não encontramos nenhum descendente adulto do sexo feminino, confirmando que as meninas provavelmente eram enviadas para fora da aldeia antes de se tornarem adultas. Evidentemente, os filhos herdavam as fazendas dos pais. No entanto, não é possível determinar geneticamente se esses filhos eram primogênitos. Foram encontrados vários irmãos nas sepulturas, mas os mais jovens podem ter criado suas próprias fazendas dentro dos assentamentos ou próximo a eles. No geral, esses dados genéticos revelam as estruturas patriarcais e hierárquicas que prevaleceram durante a Idade do Bronze e continuam a moldar algumas convenções familiares e sociais até hoje.

Sociedade de consumo e produção em massa

A Idade do Bronze provocou uma nova era cultural não só nas proximidades do rio Lech, mas em toda a Europa. Antes da descoberta do cobre, as pessoas trabalhavam principalmente com a argila. A produção de peças de cerâmica não era trivial, mas também não era uma tecnologia avançada. O desenvolvimento do bronze, por outro lado, significou um tremendo salto técnico e social para a humanidade. Minerar a terra para extrair matérias-primas e depois formar uma liga metálica de cobre e estanho em fornos extremamente quentes exigia uma habilidade cada vez mais especializada. Também exigia mineradores, construtores de fornos, metalúrgicos e comerciantes itinerantes que buscavam o estanho nos recantos mais distantes da Europa.

No Neolítico, era comum ser polivalente. Os conhecimentos sobre o cultivo da terra e a criação de animais eram amplamente difundidos; no máximo havia alguns seletos especialistas na fabricação de cerâmica, mas as habilidades raramente eram exclusivas. Os povos da Idade da Pedra também não deviam enfrentar uma escassez de recursos para fabricar ferramentas e armas – a madeira e a pedra que eles usavam estavam por toda parte. Os primeiros agricultores viviam na forma mais jovem de uma sociedade de consumo: praticamente tudo que eles produziam era para uso próprio, e suas posses tinham um valor insignificante. Claro que havia exceções, como eventuais ornamentos de ouro ou prata. Mas não existe nenhuma evidência arqueológica, pelo menos na Europa Central, de que essas peças ficavam concentradas nas mãos de poucos indivíduos ou famílias.

A natureza oferecia a pedra e a madeira, mas o bronze exigia um esforço para ser fabricado, e antes era preciso obter as matérias-primas – a menos que você por acaso estivesse sentado sobre elas. As regiões com jazidas de cobre enriqueceram, e aquelas que tinham o estanho – que era ainda mais raro – praticamente estouraram. O estanho da Cornualha era comercializado em toda a Europa, assim como o cobre e o estanho dos montes Metalíferos, na Alemanha. O comércio entre regiões já existia antes da Idade do Bronze, mas nesse momento ele acelerou. O comércio impulsionava o desenvolvimento, e as matérias-primas e a especialização para esse desenvolvimento tinham um suprimento limitado, o que intensificou a competição entre as sociedades e os indivíduos. As pessoas que tinham commodities valiosas as defendiam; as que não tinham faziam de tudo para consegui-las.

A maior inovação da Idade do Bronze foi a capacidade de produção em massa. Os moldes para o bronze podiam ser feitos de pedras para fabricar produtos idênticos. Nada disso existia até então, como fica bem claro se dermos uma olhada nos artefatos de cerâmica anteriores. Para entender o tamanho do impacto da produção em massa na Idade do Bronze, podemos imaginar o inverso acontecendo hoje: imagine se os martelos na loja de ferramentas mais próxima tivessem formatos diferentes. As novas ferramentas da Idade do Bronze não só pareciam idênticas como também eram mais resistentes do que tudo que tinha sido feito antes. E o que as pessoas fizeram com essa nova tecnologia? A resposta não surpreende ninguém: elas produziram principalmente armas mais eficazes.

O fim do guerreiro solitário

Os instrumentos de morte sempre fizeram parte da vida humana, é claro. Arpões, lanças curtas de arremesso, arcos e flechas, além de pequenos punhais de pedra e madeira, eram usados para a caça. O cobre permitiu a produção de facas e alabardas de melhor qualidade, mas o comprimento era limitado pela fragilidade do material. Só com o advento do bronze as pessoas foram capazes de produzir armas perfurantes com lâminas compridas e resistentes, principalmente adagas, mas também novos tipos de arpões e lanças. Era mais fácil matar, mas também era mais fácil se defender com elmos, escudos, couraças ou grevas. A tendência à desigualdade aumentou, porque esses equipamentos eram caros. Os guerreiros bem armados tinham uma vantagem clara, mesmo que os oponentes conseguissem enviar mais guerreiros para a batalha. A Idade do Bronze quase inevitavelmente iniciou uma corrida armamentista.

Havia mais para conquistar e mais para defender, e os conflitos entre diferentes assentamentos eram cada vez mais comuns. Contudo, paradoxalmente, o drástico aumento na produção de armas pode ter tornado a vida mais segura, pelo menos nos campos de batalha. Durante o Neolítico, a maioria dos povoados da Europa Central construiu grandes fortificações para se proteger de agressores que disputavam o controle das suas fazendas.

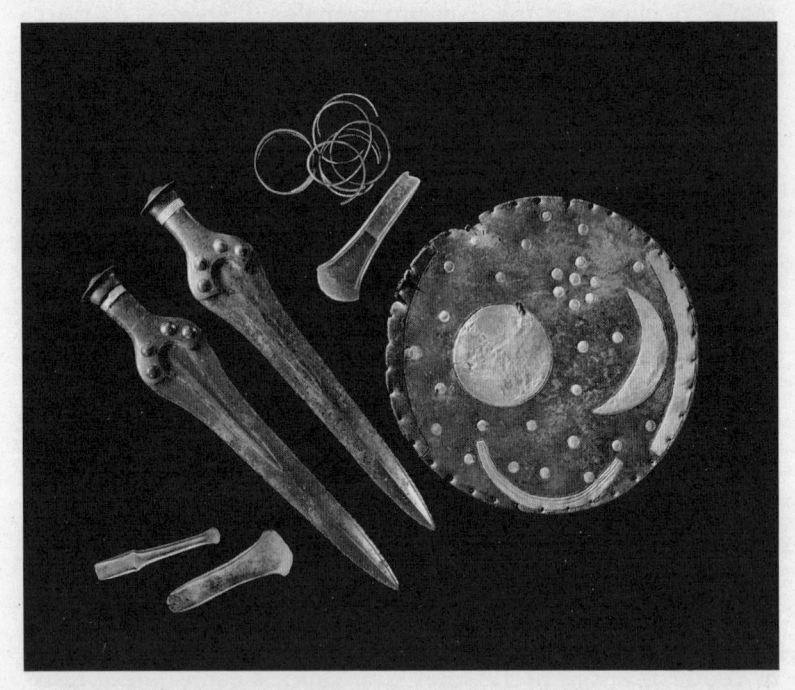

Um achado mundialmente famoso da Saxônia-Anhalt, na Alemanha: além de armas e ornamentos, saqueadores de túmulos encontraram o Disco de Nebra em 1999. Ele tem cerca de 3.600 anos e é a mais antiga representação concreta conhecida da abóbada celeste.

Muitos assentamentos do início da Idade do Bronze não tinham esse tipo de segurança, o que sugere que eles se sentiam menos ameaçados. As fazendas no rio Lech, por exemplo, ficavam nas margens do rio e não eram nem separadas por cercas. A explicação mais plausível para essa sensação de segurança é o estabelecimento de estruturas militares, das quais existem evidências desde o início da Idade do Bronze. Os governantes das terras, muitas vezes chamados de "reis", podem ter garantido a segurança de diversas regiões. É possível que esses líderes tenham exigido impostos dos habitantes, para financiar não apenas seu estilo de vida de esbanjamento, mas também seus exércitos. E, assim, o célebre guerreiro solitário foi substituído por soldados de infantaria armados com flechas e lanças sob o comando de um rei. Um governante também podia recorrer a mercenários ou, em tempos de guerra, convocar os agricultores dos assentamentos e lhes fornecer armas. A obediência ao governante era uma condição para essa proteção, e esse rei estaria preparado para voltar suas armas contra opositores internos. Surgia então o primeiro monopólio estatal da violência, assim como o fim da zona sem lei. O sistema patriarcal das fazendas era administrado em linhas semelhantes, ecoando o contrato social em menor escala. Todos eram subservientes ao homem da casa e, em troca, ele ia para o campo de batalha em tempos de guerra e arriscava a própria vida pela segurança de seus familiares.

Esses governantes quase com certeza estavam em constante competição com outros reinos, mas provavelmente não em guerra constante. Afinal, eles lucravam com o comércio e queriam manter alta a produtividade da própria população. Eles devem ter feito conclaves para negociar questões relacionadas ao comércio e formar esferas políticas de influência. A guerra devia ser o último recurso, provocada apenas se as chances de vitória parecessem boas e houvesse terras valiosas ou recursos naturais em risco. A concentração de poder e de recursos levou a reinos maiores, mais prósperos e mais populosos.

A cultura de Únětice da Idade do Bronze é um exemplo típico. Durante os cerca de 700 anos em que essa cultura prosperou, entre 2200 e 1500 a.C., os povos dessa cultura parecem ter reverenciado seus líderes como seres divinos; pelo menos é o que indicam seus túmulos, cheios de inúmeras armas e grandes quantidades de ouro. Esses túmulos representavam um nítido contraste com os dos agricultores simples, que não tinham nenhuma arma. Os guerreiros não eram enterrados deitados, como os reis; eram enterrados agachados. Na cultura de Únětice, as pessoas simples pareciam não ter o direito de possuir as próprias armas. Machados, machadinhas e punhais eram guardados pelo rei e só eram distribuídos em tempos de guerra. Tesouros dessa época foram descobertos em muitas regiões da Europa e incluem centenas de adagas, lanças e machados. É provável que esses arsenais fossem escondidos pelos governantes para impedir que seus súditos se rebelassem. Eles também podiam temer que os agricultores derretessem as espadas para fazer arados, outro motivo para manter um arsenal à mão. Conforme essas armas ficaram mais sofisticadas, os conflitos militares eram realizados com uma eficiência ainda mais mortal. As mesmas inovações que criaram redes de indústrias e progresso na Idade do Bronze também alimentaram as hierarquias, a desconfiança e as divisões sociopolíticas.

O Crescente Fértil

A Idade do Bronze começou exatamente quando aconteceu uma mudança climática chamada de evento climático de 4.200 AP. O clima ficou mais úmido na região do Mediterrâneo e mais frio e seco no norte da Europa. No Oriente Próximo, um período de 300 anos de seca levou ao caos político e ao colapso das sociedades avançadas, principalmente no Irã e no Iraque de hoje. O Império Acádio virou pó em questão de décadas, enquanto a população lutava para sobreviver, e os arqueólogos estimam que cerca de 300 mil pessoas tiveram que abandonar suas casas ao longo desses três séculos. Ao sul, durante a Terceira Dinastia de Ur, os sumérios construíram um muro de 100 quilômetros para afastar os refugiados da crise climática. Mas eles não conseguiram impedir a queda do Império Sumério em 2000 a.C. Perto do fim do período de seca, os povos que os sumérios tinham tentado afastar construíram uma civilização próspera mais ao norte, que, mais tarde, veio a dominar toda a região: a Babilônia.

Ao longo do segundo milênio a.C., as guerras se tornaram um meio comum de exercer o poder, carregando consigo todos os males que conhecemos hoje. Os oponentes vencidos eram executados ou escravizados, enquanto sistemas de armas cada vez

Um relevo de parede no templo mortuário de Ramsés III, no sítio de Medînet Hâbu. Ele ilustra os egípcios em batalha contra os "povos do mar" que os atacavam. A Idade do Bronze deu início a uma era marcada pela disputa por poder e recursos.

mais mortais eram desenvolvidos. Houve sequestros, estupros e genocídios. Os governantes dos principais impérios, que ainda se concentravam ao leste do Mediterrâneo, enviavam exércitos com dezenas de milhares de soldados para a batalha, despachando bigas que conseguiam matar até mesmo oponentes distantes. Em resumo, o mundo ficou mais complicado, e os conflitos ficaram mais mortais, não somente perto do Mediterrâneo, mas também em outros lugares. No Vale Tollense, ao norte da Alemanha, evidências arqueológicas revelaram que, em 1300 a.C., cerca de 2 mil a 6 mil homens lutaram em uma batalha violenta. Em consequência, centenas de cadáveres em decomposição transformaram o vale num lugar mal-assombrado.

Conforme a população continuava a crescer exponencialmente, sempre havia motivos para lutar por matérias-primas e terra. Por volta de 1000 a.C., no fim da Idade do Bronze e no início da Idade do Ferro, o mundo abrigava cerca de 50 milhões de pessoas, o dobro do que existia mil anos antes. O mundo civilizado já não era grande o suficiente para ter espaço para todos. As pessoas que fugiam de guerras, secas ou pestes não podiam mais ter certeza de encontrar um novo lar no fim da sua jornada. Ao longo dos séculos e em todo o continente, deve ter havido inúmeros movimentos de refugiados, mas um dos mais significativos para a história ocorreu no fim da Idade do Bronze. Ele foi citado no Antigo Testamento e continua a afetar desavenças políticas até hoje. Por volta de 1200 a.C., um enorme número de refugiados apareceu de repente em barcos na região leste do Mediterrâneo, e, durante muito tempo, os historiadores tentaram saber de onde vinham essas pessoas. Graças à análise de DNA, finalmente temos mais informações.

A crise de refugiados no Mediterrâneo

O período que precedeu a chegada desses refugiados tinha sido uma fase de consolidação no Oriente Próximo. No meio do segundo milênio a.C., a região tinha praticamente se estabilizado depois do caos do evento climático de 4.200 AP. O Império Assírio reinava nos rios Eufrates e Tigre, o Novo Reino do Egito se estendia ao norte até o Líbano, os hititas estavam protegendo seu território na Anatólia e os micenianos faziam o mesmo no Mar Egeu. Mas, em algum momento entre 1300 e 1200 a.C., a paz chegou ao fim. O governante da Alásia escreveu da atual ilha de Chipre para o rei aliado de Ugarit, uma cidade-estado na atual Síria, alertando-o para que tivesse cuidado com navios hostis que estavam acabando com a segurança no Mediterrâneo. O pânico se alastrou por todo o Oriente Próximo e não era infundado: por volta de 1200 a.C., o Império Hitita entrou em colapso e, ao longo das décadas seguintes, seus vizinhos caíram como peças de dominó. Fontes egípcias relatam conflitos com o que eles chamavam de "povos do mar", e Ramsés III escreveu sobre uma batalha triunfante contra um grupo de inimigos que derrotou todos os outros governantes da região.

Apesar disso, o Império Egípcio não conseguiu manter seus territórios do norte. A região de Canaã, que corresponde quase exatamente à região de Israel hoje, foi abandonada. Os arqueólogos concluíram, a partir de textos e descobertas desse período, que os ameaçadores "povos do mar" se assentaram na região, mas era impossível afirmar isso com certeza. Não temos praticamente nenhum registro escrito ou documento relativo a um século e meio dessa que certamente foi uma época importante para o Oriente Próximo; as únicas coisas que restaram foram cidades e estados em ruínas. Não era nem possível afirmar se os povos do mar realmente tinham existido. Mas havia muitas evidências de que eles eram ligados aos filisteus, um grupo que teve um papel importante no Velho Testamento – Golias, oponente de Davi, era filisteu. A descrição de Golias no Velho Testamento o retrata como um guerreiro forte e bem equipado. Seu capacete era feito de bronze, assim como sua "cota de malha", que pesava "cinco mil shekels". Ele também tinha grevas de bronze nas pernas e "entre os ombros" trazia "um escudo de bronze". Além disso, "a haste da sua lança era como um eixo de tecelão; e a ponta da sua lança pesava seiscentos shekels de ferro". Não havia dúvidas de que Golias era um guerreiro extremamente impressionante da Idade do Bronze.

O enigma dos povos do mar é muito mais do que um exercício histórico. Se as mudanças culturais documentadas na região foram causadas por um fluxo migratório que expulsou a população local, essa é uma questão. Mas também há um aspecto existencial: os filisteus são considerados por muitos como ancestrais dos atuais palestinos, enquanto, de acordo com a tradição bíblica, Canaã também é o local onde os israelitas se assentaram depois que saíram do Egito. A questão dos povos do mar, portanto, é ligada a um conflito atual extremamente político, que, apesar de ter raízes na época bíblica, está presente em muitas formas hoje.

Para iluminar esse período de 150 anos depois que os impérios do Oriente Próximo entraram em colapso, examinamos os esqueletos de pessoas que viveram nas regiões atuais de Israel e Líbano antes e depois da crise. Conseguimos obter um DNA utilizável de meia dúzia de indivíduos de três dos assentamentos bíblicos dos filisteus e vimos uma mudança clara no DNA da região depois da suposta data de chegada dos povos do mar. Um novo componente genético do sul da Europa tinha sido introduzido. Podemos inferir, a partir disso, que o lar dos filisteus podia estar localizado no Mar Egeu, já que os micenianos que viviam ali tinham uma estrutura genética semelhante. No início dessa obscura era de 150 anos, a civilização miceniana estava entre as primeiras a entrar em colapso, pouco antes de as invasões dos povos do mar serem relatadas nos impérios mais ao leste e ao sul. Em outras palavras, os povos do mar parecem ter existido de fato e, evidentemente, vieram da região ao redor do sul do Mediterrâneo. No entanto, a ideia de que eles eram micenianos é só uma conjectura, porque até hoje não analisamos civilizações mediterrâneas suficientes desde a Idade do Bronze tardia para determinar com mais precisão a origem dos filisteus. Em teoria, o novo componente dos marinheiros poderia ter vindo do Chipre ou da Sicília. Como hoje não temos genomas sequenciados suficientes dessas regiões, não podemos descartar isso. Por outro lado, as descobertas arqueológicas têm sugerido uma conexão entre os filisteus e os egeus. Nossa análise revelou outra surpresa. Não encontramos quase nenhum traço do recém-introduzido DNA mediterrâneo do sul em indivíduos dessas cidades de filisteus algumas centenas de anos depois da sua chegada inicial, o que sugere que esses imigrantes não ficaram restritos ao próprio grupo ao longo dos séculos seguintes; eles se misturaram com a população local. Não conseguimos encontrar nenhuma diferença significativa entre as populações locais de filisteus e canaãs até 800 a.C., e isso derruba a ideia de separação genética entre indivíduos desses diferentes grupos culturais durante a Idade do Ferro. Como em todos os outros lugares nessa época, eles eram muito conectados pelo comércio e pelo casamento.

Os poucos relatos históricos dessa época não apoiam a ideia de que os grupos que chegaram ao Levante vindos de regiões mediterrâneas mais ao oeste eram compostos apenas de guerreiros. Essa pode ter sido uma das maiores crises de refugiados do mundo antigo. As inscrições e os relevos que relatam batalhas e vitórias do Império Egípcio dão a entender que mulheres e crianças migraram com os soldados ao longo da perigosa rota do Mediterrâneo, tentando encontrar o caminho para o interior pelo Delta do Nilo. De acordo com esses relatos, famílias inteiras e soldados foram assassinados ou capturados pelos locais. As condições de vida na sua terra natal deviam ser tão perigosas que homens e mulheres estavam dispostos a arriscar a própria vida e a vida dos filhos em troca da chance de escapar.

Os fundamentos se mantêm

Até fevereiro de 2019, a arqueogenética revisou e recontou a história da ancestralidade europeia e como ela é interligada com a dos neandertais, explicou as raízes da Revolução Neolítica e provou que a Idade do Bronze foi precedida por uma onda migratória das estepes numa escala que quase ninguém achava possível. Hoje sabemos que as principais mudanças genéticas que ocorreram no continente entre 8 mil e 5 mil anos atrás foram as últimas e que os vastos impérios que posteriormente floresceram e caíram na Europa não tiveram nenhum impacto genético comparável em escala continental.

A arqueogenética também ajudou a identificar padrões migratórios mais recentes, porém usando uma técnica fundamentalmente diferente. Codesenvolvido pelos cientistas do nosso instituto, esse método recentemente nos ajudou a rastrear a migração interna na Europa nos últimos dois milênios. Ele se concentra não nas semelhanças fundamentais entre os genomas, que provam um relacionamento entre populações, mas nas minúsculas variações genéticas que distinguem um grupo do outro. Usando esse método, conseguimos provar com dados genéticos uma das mais famosas ondas migratórias: a dos anglos e dos saxões para a atual Inglaterra. Descobrimos que os atuais habitantes da Inglaterra devem cerca de 30% do seu DNA a imigrantes originários dos

Países Baixos, da Dinamarca e do norte da Alemanha e chegaram à ilha no século V. É seguro apostar que estudos arqueogenéticos como esse vão moldar cada vez mais a maneira como a história da Europa é contada. Usando métodos cada vez mais elaborados de análise de DNA, seremos capazes de descrever padrões migratórios até depois da Idade do Bronze. Existem muitas descobertas novas e mais detalhadas à vista, principalmente para esse período de migração e o início da Idade Média.

Não preciso dizer que a história da jornada genética da Europa ainda não terminou. Existem muitas evidências que sugerem que as inúmeras ondas migratórias dentro da Europa e para ela, principalmente a onda que veio das estepes, são intimamente ligadas à história das doenças. A jornada dos genes humanos foi seguida muito rapidamente por um fluxo de vírus e bactérias, moldando a história do continente talvez com muito mais profundidade do que qualquer rei jamais esperaria conseguir. Durante a maior parte da nossa história, esses inimigos eram invisíveis, e só recentemente – graças à análise genética – estamos, aos poucos, começando a entender essas pequenas criaturas.

CAPÍTULO 8

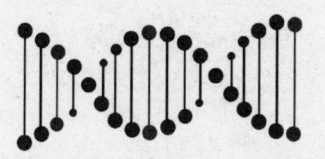

Eles levam a peste

As pulgas vomitam sangue. O Pentágono oferece apoio inicial. A peste vem do leste. O cavalo se torna suspeito. Pedaços de corpos voam pelos ares. A Europa fecha as fronteiras. Ratos estrangeiros são a salvação.

1350

Mar do Norte

Mar Báltico

Cambridge
Londres
East Smithfield

Oceano Atlântico

1348

Nabburg

4. anos a
Cerca de 4.000 anos atrás

Aschheim e Altenerding

Alpes

4.700 anos atrás

Toulouse

Pirineus

Lunel

1347

Barcelona

Valência

Mar Mediterrâneo

1346

| 3000 | 2500 | 2000 | 1500 | 1000 | 500 a.C. | 0 d.C. | 500 | 1000 | 1500 |

- Patógeno da peste durante a cultura Yamna (não é a peste bubônica)
- Patógeno da peste na Idade da Pedra
- Patógeno mais recente da peste na Idade da Pedra
- Patógeno mais antigo da peste bubônica na Idade do Bronze (Samara, Rússia)
- Peste dos hititas
- Peste de Atenas
- Peste antonina
- Praga de Justiniano, começo da primeira pandemia
- Peste negra, começo da segunda pandemia
- Peste de Hong Kong, começo da terceira pandemia

Eles levam a peste

Peste bubônica mais antiga
3.800 anos atrás

Laishevo

3.600 anos atrás
Montanhas Altai
4.800 anos atrás

Depois de 1350

Bolgar

Cultura Yamna

1346 ● Caffa

4.900 anos atrás

Mar Negro

Cáucaso

Mar Cáspio

Cordilheira de Zagros

● Constantinopla
542

Hititas

Montes Tauro

Cárpatos

Mar Mediterrâneo

Pelúsio 541

Império Egípcio

Rotas de expansão

Genomas:
← Peste da Idade da Pedra
◀┄┄ Peste negra (1346 a 1351)
◀••• Praga de Justiniano (541 a 549)

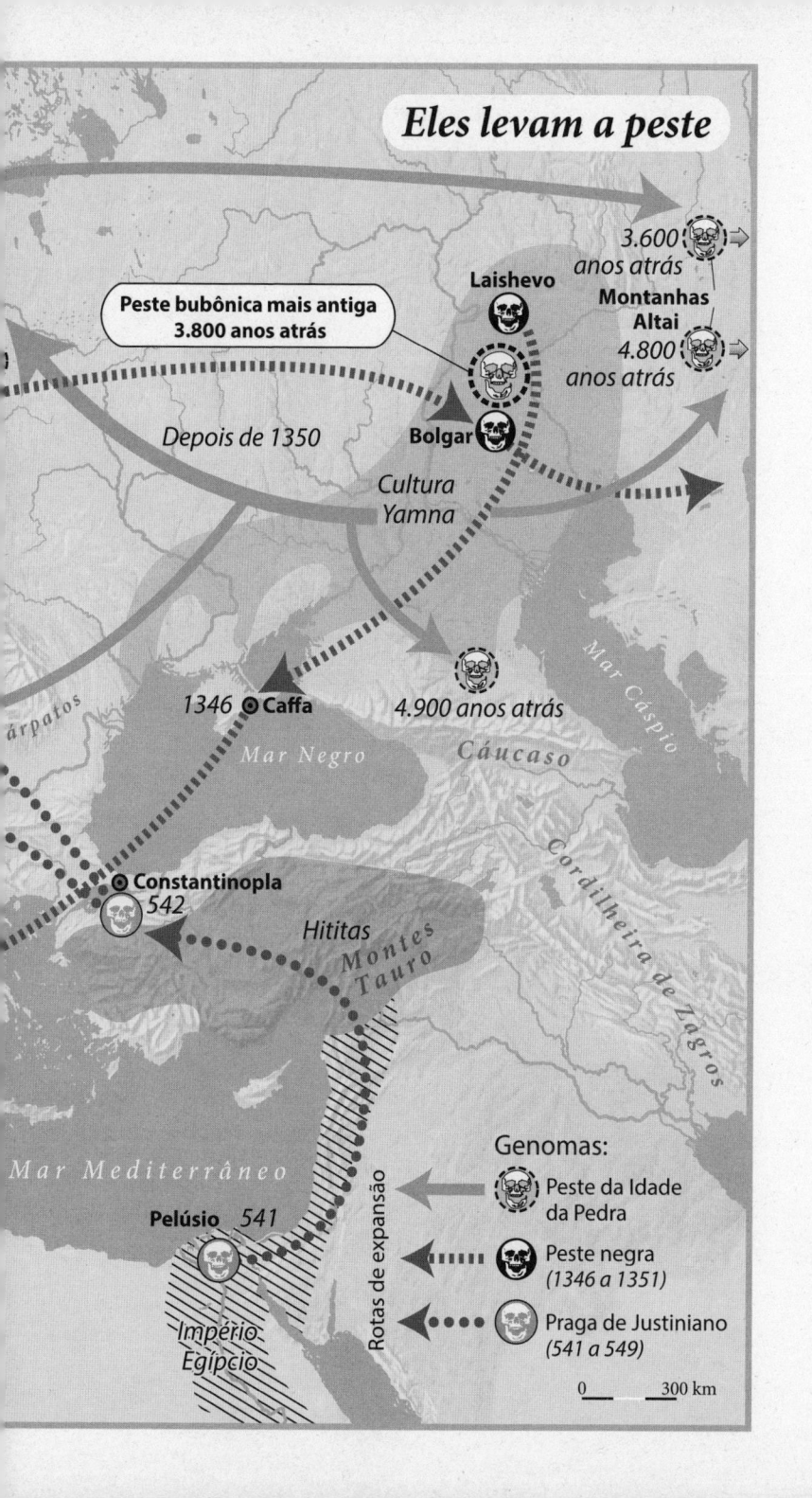

0 — 300 km

O ser humano é o novo morcego

Nenhuma outra doença na memória coletiva da história europeia chegou perto do horror da peste. Existem bons motivos para isso, e o fato de entre 2 mil e 3 mil pessoas por ano no mundo inteiro ainda se infectarem com a peste é um dos menores. A peste deve sua reputação demoníaca sobretudo ao século XIV, quando a "peste negra" matou aproximadamente um em cada três europeus – ou talvez até um em cada dois –, como descrevem relatos históricos de pacientes tossindo sangue e becos cheios de corpos espalhados. Muitas pessoas na época acreditavam que a doença dizimaria a humanidade. Preocupações semelhantes foram relatadas durante a praga de Justiniano, registrada pela primeira vez no Egito, no século VI, que rapidamente se espalhou por toda a região do Mediterrâneo. Durante muitos séculos, a doença continuou a assombrar a Europa com milhares de surtos documentados. A peste foi o flagelo da humanidade e só perdeu um pouco da sua reputação aterrorizante há menos de setenta anos, quando o uso de antibióticos começou a ser bem difundido.

Apenas recentemente, graças às análises genéticas, descobrimos como a peste chegou à Europa. Ela se espalhou por ali muito antes do que se supunha. Na verdade, descobrimos que um surto na Idade da Pedra muito provavelmente abriu caminho para a grande onda migratória da Estepe Pôntica.

Na Idade Média, a peste era uma presença constante entre os europeus, e a morte era onipresente. A Dança da Morte, de Michael Wolgemut, de 1493, reflete a sensação generalizada da morte iminente.

Durante muito tempo, a peste era um espectro. Os cientistas sabiam da pandemia que assolou muitos países europeus entre 1347 e 1353, mas não tinham certeza se tinha sido provocada pela bactéria *Yersinia pestis* ou por outro patógeno, como a varíola. No entanto, em 2011, trabalhando em Tübingen, decodificamos pela primeira vez o genoma de um patógeno histórico da peste, examinando o material encontrado numa vala comum medieval em Londres. A cidade foi especialmente afetada pela peste negra. Segundo fontes escritas, as vítimas da epidemia eram enterradas no cemitério de East Smithfield, que analisamos. O patógeno da peste pôde ser sequenciado porque as bactérias se multiplicam em grande quantidade no hospedeiro e podem ser encontradas em altas concentrações no sangue. Utilizando a técnica testada e aprimorada nos ossos de neandertais e de outros humanos, usamos as partes do esqueleto com um bom suprimento de sangue – especificamente, os dentes – para extrair e decodificar o genoma da *Yersinia pestis*.

Para entender a bactéria da peste, por ora vamos ignorar o seu efeito mortal sobre o corpo. A *Yersinia pestis*, assim como todos os outros seres vivos, basicamente está interessada em uma coisa: se reproduzir e se espalhar o máximo possível. A bactéria vive dentro de organismos externos, se multiplicando antes de colonizar novos hospedeiros. A morte do hospedeiro não é o objetivo do patógeno; matá-lo pode até mesmo ser um entrave.

Um bom exemplo disso é o vírus ebola, um dos patógenos mais mortais conhecidos pela humanidade. Ele mata com extrema rapidez, dando ao vírus um curto tempo para saltar de uma pessoa infectada para outra. Como os surtos de ebola terminam rapidamente, o vírus não tem tempo de alcançar populações mais distantes, por isso até hoje o vírus não conseguiu se espalhar muito. Por outro lado, a gripe é uma viajante mais competente. O vírus raramente mata, por isso consegue viajar por longas distâncias, como mostra a epidemia anual de gripe. Novas cepas originadas no Sudeste Asiático migram para o mundo inteiro todo ano. Então, em comparação com o vírus da gripe, o ebola tem uma desvantagem evolutiva exatamente por ser mais mortal. Ainda não há nenhuma garantia incontestável de que os surtos de ebola acabarão rapidamente, como se viu durante a arrasadora epidemia de ebola no fim de 2013. Pela primeira vez, o vírus atravessou várias fronteiras de países, possivelmente por ter provocado um surto em regiões muito populosas – ou talvez por causa das características singulares dessa cepa. Mesmo naquela época, as mortes humanas, do ponto de vista do vírus, foram apenas um dano colateral. O mesmo princípio valia para a peste.

A *Yersinia pestis* se separou de sua parente mais próxima, a bactéria *Yersinia pseudotuberculosis*, que vive no solo, há cerca de 30 mil anos. Os seres humanos, esparsamente distribuídos pelo mundo dezenas de milhares de anos atrás, eram um hospedeiro potencial – embora não fossem muito promissores – para a peste e todos os outros patógenos. Um ser humano infectado com um vírus ou uma bactéria poderia dizimar o pequeno grupo de caçadores-coletores com o qual estivesse viajando, mas os danos provavelmente não passariam disso. Os patógenos se adaptaram aos humanos quando ficamos mais numerosos e começamos a montar assentamentos e a viver em grande proximidade uns com os outros.

No início da história humana, os patógenos precisavam de outros hospedeiros para se multiplicar, e isso geralmente significava animais não humanos. Os morcegos, por exemplo, viviam, assim como hoje, muito próximos em colônias com dezenas de milhares de animais, pingando líquidos de todos os tipos enquanto estão pendurados, e ainda hoje são a fonte mais comum de novos patógenos, especialmente os vírus, assim como foi especulado no caso do coronavírus que provocou a pandemia de 2020. O processo de um patógeno saltando de um animal para um humano – se o alimento humano estiver infectado por fezes de animais ou se a carne infectada for comida – é chamado de transmissão zoonótica. A maioria dos patógenos que encontramos nos humanos de hoje provavelmente tem origem zoonótica. Hoje em dia, os seres humanos, assim como os morcegos, podem espalhar amplamente vírus e bactérias pela população que agora é gigantesca e vive em locais abarrotados.

VÍRUS E BACTÉRIAS

Os vírus e as bactérias causam doenças em seres humanos e animais, e isso é praticamente tudo que esses patógenos absurdamente diferentes têm em comum. Enquanto as bactérias são seres vivos que se acumulam nos locais onde encontram a maior quantidade de nutrientes e as melhores condições para se multiplicar, os vírus são apenas moléculas aglomeradas sem metabolismo próprio. Pense nos vírus como os zumbis do mundo dos patógenos: eles não estão vivos, mas podem provocar um caos terrível quando entram em contato com um organismo e obrigam o corpo a trabalhar para eles. Os vírus podem infectar não só os seres humanos, mas também as bactérias. O contrário não acontece.

Os vírus costumam ser um pedaço de DNA dentro de uma casca. Eles se ligam às células humanas na primeira oportunidade – quando um vírus é inalado, por exemplo, e se acopla a uma célula nas membranas mucosas dos pulmões. Depois de se acoplar, o vírus introduz seu DNA na célula e modifica suas informações genéticas. As células então não reproduzem mais as próprias informações genéticas, mas as do vírus. Os vírus se espalham pelo corpo inteiro e, se forem reconhecidos pelo sistema imunológico, serão destruídos, assim como as células infectadas. O que os antibióticos representam no combate às bactérias as vacinas representam na defesa contra os vírus. Ao dar ao sistema imunológico uma versão enfraquecida do vírus ou de seus blocos de construção, o organismo pode ser treinado para identificá-los e combatê-los. Sem a vacina, no entanto, o corpo precisa de mais tempo para reagir e, às vezes, demora o suficiente para o vírus atacar o corpo inteiro e levá-lo ao colapso.

Coitadas das pulgas

Para lançar seus horrores sobre a humanidade, as bactérias da peste primeiro precisaram usar outro organismo que tem uma morte agonizante ao transmitir a doença: a pulga.

Na época das grandes pandemias da peste, as pessoas na Europa viviam em condições extremamente insalubres. Os esgotos eram raros, os assentamentos eram abarrotados e o conceito de higiene como meio de prevenção de doenças era desconhecido. Nas cidades e nos povoados, era comum armazenar os grãos nos sótãos, enquanto fezes nadavam nas ruas e havia ratos por toda parte. Podemos supor que os roedores foram os primeiros hospedeiros do patógeno da peste, que teria passado dos roedores para os humanos pelas suas mordidas, fezes ou carne. O momento fatal foi quando o patógeno sofreu uma mutação que permitiu que ele passasse com mais eficácia dos ratos para os seres humanos por meio da pulga.

As pulgas foram essenciais para a ampla disseminação da peste bubônica. Para passar de um mamífero a outro, as bactérias tinham que chegar até a pulga e depois entrar na corrente sanguínea do outro organismo. Mas as pulgas, por natureza, não expelem sangue – elas só o consomem. A bactéria superou esse obstáculo final evoluindo os "genes de virulência", que permitiam sua sobrevivência no estômago da pulga. O mais ameaçador para a pulga é que vários dos genes de virulência também fazem com que a bactéria produza um biofilme no esôfago do animal, que entope o estômago da pulga e infecta todos os líquidos que tocam nele. O sofrimento da pulga infectada começa quando ela tenta sugar o sangue de outro organismo depois que o esôfago foi bloqueado. A pulga ingere o sangue não infectado do hospedeiro e vomita o sangue agora infectado, infectando a presa.

Enquanto uma pulga saudável só se alimenta algumas vezes por dia, uma pulga infectada faz centenas de tentativas. Morrendo de fome aos poucos, já que não consegue ingerir o sangue, elas se tornam cada vez mais agressivas, até provocarem uma infecção em massa em humanos e animais. A morte do ser humano é, portanto, um meio para o fim da bactéria: quanto mais bactéria no sangue do hospedeiro, maior a taxa de transmissão para a próxima vítima potencial. Esse método de transmissão transformou a doença na famigerada peste bubônica. Depois que uma pessoa é picada, a bactéria da peste se multiplica nos gânglios linfáticos, deixando-os visivelmente inchados. Em dez dias, as bactérias já se espalharam por todo o corpo, ocasionando a falência dos órgãos e, por fim, o envenenamento fatal do sangue. As extremidades geralmente escurecem, por isso o nome "peste negra". A peste pulmonar, outra forma da doença, é um efeito colateral, e essa forma pode ser transmitida diretamente de pessoa para pessoa. Conforme os pulmões da vítima da peste bubônica se degeneram, as bactérias aerossolizadas são liberadas no ar. Se essas gotículas encontrarem o caminho para o pulmão de outra pessoa, esse indivíduo estará morto em um ou dois dias.

Ajuda do Pentágono

As mutações necessárias para esse processo terrível de transmissão e doença já tinham acontecido nos patógenos que causavam a peste negra, além da praga de Justiniano, a primeira epidemia historicamente documentada da peste. A partir do século VI, estima-se que a praga de Justiniano tenha matado dezenas de milhões de vítimas na Europa, sendo considerada uma das possíveis causas do desmantelamento contínuo do Império Romano Ocidental.

Em 2016, reconstruímos com sucesso um patógeno da peste bubônica daquele período. Ele foi encontrado num cemitério perto de Munique, onde, no século VI, foi sepultado um jovem casal em que os dois aparentemente morreram mais ou menos na mesma época. Essa descoberta da peste ao norte dos Alpes contrariava as fontes históricas, que sugeriam que a pandemia só tinha atingido a região do Mediterrâneo.

Procurar o genoma da peste num cemitério em Londres era um caminho óbvio, já que a peste negra assolou essa região, e inúmeras vítimas foram sepultadas ali em valas comuns. Encontrar a praga de Justiniano perto de Munique exigiu mais sorte. Durante períodos em que ainda não havia registros escritos, não era claro quais regiões tinham sido afetadas pela doença. Os pesquisadores não estavam só tentando encontrar uma agulha no palheiro; eles não sabiam em qual palheiro procurar. Extrair o DNA de pessoas mortas é a parte fácil: você o encontra nos ossos. Mas, se estiver procurando patógenos antigos, você precisa saber quais esqueletos examinar e quais mortos tiveram uma doença específica. Até recentemente, vasculhar todos os esqueletos sequenciados em busca de um patógeno qualquer seria um empreendimento muito incerto e muito dispendioso.

Então, em 2012, o Departamento de Defesa dos Estados Unidos lançou o Defense Threat Reduction Agency's Algorithm Challenge (Desafio de Algoritmo de Redução de Ameaças à Defesa), que oferecia um prêmio de 1 milhão de dólares para qualquer pessoa que desenvolvesse um algoritmo de computador que detectasse e identificasse rapidamente o DNA de vírus e bactérias. (O Pentágono queria estar mais preparado para uma guerra biológica.) Mais de 100 candidatos participaram da competição, mas só três chegaram à final. A equipe vencedora de três pessoas foi anunciada no outono de 2013 e incluía um dos meus colegas da Universidade de Tübingen, Daniel Huson, especialista em bioinformática. Huson posteriormente trabalhou com o nosso instituto para desenvolver um algoritmo que conseguisse associar 1 bilhão de sequências de DNA ao organismo de origem num período de 24 horas. O programa mostra quanto do DNA de um esqueleto é humano e quanto deriva de micróbios, bactérias ou vírus – e, o mais crucial, de quais – e é 200 vezes mais rápido que os algoritmos mais antigos; em vez de esperar quase um ano pelos resultados, você só espera um dia. O algoritmo reconhece se o DNA contém o material genético de vírus e bactérias conhecidos como agentes patogênicos para os seres humanos. Isso só funciona se o material for semelhante a patógenos conhecidos e se seus sequenciamentos já estiverem nos bancos de dados dos cientistas. Doenças desconhecidas e extintas não serão descobertas. Antes, os micróbios eram supérfluos para o sequenciamento do DNA humano; hoje eles são o ponto focal. Alguns milhares de esqueletos foram examinados no nosso instituto, e não só a peste, como uma série de outras doenças, foram detectadas, nos ajudando a entender como as epidemias viajaram entre os humanos e as sociedades no passado, de modo que possamos prever e nos preparar para as pandemias do futuro.

A peste segue os imigrantes

Só em 2017, graças ao algoritmo do meu colega, identificamos o patógeno da peste mais antigo descoberto até então. Examinamos mais de 500 amostras de dentes e ossos da Idade da Pedra vindas da Alemanha, da Rússia, da Hungria, da Croácia e dos Países Bálticos em busca da peste e obtivemos vários resultados positivos. A primeira e maior surpresa foi da Estepe Pôntica, onde reconstruímos o genoma de um patógeno da peste de um indivíduo yamna com cerca de 4.900 anos. Isso significa que a peste aflige os seres humanos muito antes do que se supunha e já estava na porta da Europa na Idade da Pedra, antes de acompanhar os imigrantes das estepes. A doença foi identificada em esqueletos por toda a Europa com datas entre 4.900 e cerca de 3.800 anos, inclusive nos Países Bálticos, na Croácia e em Augsburgo, na Alemanha – mas também nas distantes Montanhas Altai e na região do Lago Baikal, onde surgiu mais ou menos na mesma época. O caminho traçado pela bactéria, que continuava evoluindo enquanto o seguia, corresponde à rota que acreditamos que os imigrantes das estepes percorreram. A peste e os povos das estepes devem ter ido ao mesmo tempo para o oeste e para o leste. Seria possível que o alastramento da peste estivesse ligado aos padrões humanos de migração?

Existem motivos para acreditar que a peste já se alastrava para a Europa Ocidental antes da onda de migração humana. Afinal, os povos que viviam nessas regiões já estavam em contato. A bactéria pode ter pegado carona nos comerciantes itinerantes e atacado uma população despreparada. O impacto que bactérias e vírus desconhecidos exercem sobre os humanos é bem documentado: durante a colonização das Américas pela Europa, por exemplo, os povos nativos foram dizimados pelas doenças levadas pelos recém-chegados. O mesmo pode ter acontecido com os povos da Europa Ocidental.

Isso não pode ser provado geneticamente, porque poucos esqueletos datados de 5.500 a 4.800 anos atrás foram encontrados na Europa Central – o que pode indicar que a peste já estava assolando a região. Talvez as pessoas tenham começado a queimar os mortos, na esperança de neutralizar o perigo evidente dos corpos infectados. Também é possível que simplesmente tenham parado de tocar nos cadáveres letais, deixando-os apodrecer sem enterrá-los. Nesse caso, nenhum osso teria sobrevivido.

Evidentemente, também pode ter havido muitas causas para a dizimação populacional. Uma mudança climática pode ter provocado colheitas fracas e fome; conflitos violentos entre agricultores por causa dos recursos escassos podem ter resultado em um grande número de mortos que não foram enterrados. Ou outro patógeno, que não existe mais e, portanto, não pode ser identificado, pode ter sido o responsável. Ou talvez – embora seja menos provável – nada tenha acontecido, e os arqueólogos simplesmente não tiveram a sorte de encontrar restos mortais de humanos desse período. Tudo que sabemos com certeza é que houve um declínio radical na quantidade de cadáveres.

Se a peste foi a culpada, como então ela se espalhou? A peste da Idade da Pedra ainda não tinha desenvolvido o método brutalmente eficaz de chegar a novos hospedeiros pela picada da pulga. É possível que a doença fosse transmitida pelo ar – como a gripe ou a covid-19. Se ela chegou à Europa dessa maneira, uma epidemia pode ter tido um impulso significativo no continente densamente povoado. Esse cenário se encaixa nas evidências arqueológicas, que sugerem não só que havia menos pessoas, mas que assentamentos inteiros – por exemplo, na costa do Mar Negro – ficaram despovoados de uma só vez, como se os ocupantes estivessem fugindo de uma doença misteriosa. Um genoma da peste descoberto em 2018, que, com 4.900 anos de idade, é o genoma desse tipo mais antigo encontrado no norte da Europa, sugere uma sequência de eventos semelhante. Os ancestrais desse homem ainda não tinham se misturado geneticamente com os yamna. Talvez muitos de seus compatriotas tenham morrido do mesmo jeito que ele; a doença pode ter precedido a grande onda migratória, deixando para trás uma terra essencialmente inabitada.

Nas costas dos cavalos

Existem muito mais dados genéticos disponíveis relacionados à peste europeia depois da grande migração das estepes, mas eles ainda deixam espaço para pelo menos duas interpretações mutuamente excludentes. A peste pode ter assolado a Europa antes do fluxo migratório de imigrantes, sendo transmitida de pessoa para pessoa. Ou talvez a maioria dos patógenos tenha sido levada para a Europa por imigrantes e eles *não* tenham sido transmitidos entre humanos, mas carregados nas costas dos cavalos. Eu prefiro essa teoria, embora ela ainda deixe muita coisa sem explicação. As evidências contra a transmissão entre humanos é que a peste pulmonar, como conhecemos hoje, só é encontrada em conjunto com a peste bubônica. Como essa variante da doença ainda não tinha se desenvolvido durante a migração das estepes, as bactérias provavelmente foram transmitidas de animais para seres humanos. As três espécies que os acompanharam na jornada para o oeste foram as vacas, as ovelhas e os cavalos. Os cavalos das estepes, como você deve se lembrar, foram substituídos pelos cavalos europeus domesticados e, hoje em dia, só existem na forma dos cavalos de Przewalski, agora selvagens. Essa substituição da população equina no atacado aconteceu no século III a.C., em paralelo à expansão dos imigrantes das estepes – e da peste.

Essa teoria também poderia explicar por que os imigrantes começaram a usar cavalos diferentes mais ou menos nessa época.

Não era o óbvio a se fazer. Afinal, eles tinham levado cavalos já domesticados para a Europa e podiam muito bem ter continuado a criá-los. Em vez disso, parece que eles foram obrigados a domesticar os cavalos selvagens e a se separar dos cavalos que os tinham carregado para o oeste.

Experimentos históricos com animais podem dar uma pista do motivo para isso. Em 1894, o renomado bacteriologista Louis Pasteur enviou Alexandre Yersin a Hong Kong, onde a terceira e – até agora – última grande pandemia de peste estava ocorrendo. A peste já era um flagelo conhecido, mas suas causas eram desconhecidas. Depois de obter de forma ilegal os corpos de algumas vítimas da peste no necrotério, Yersin descobriu a bactéria que receberia o nome dele: *Yersinia pestis*. Durante dois anos, Yersin tentou desenvolver uma vacina infectando diversas espécies de animais domesticados. O único que sobreviveu foi o cavalo – especificamente, o descendente domesticado do cavalo selvagem europeu. Essa raça, que montamos ainda hoje, pode ser mais resistente à peste.

Isso pode explicar por que, nos séculos que se seguiram à imigração das estepes, as pessoas preferiam os cavalos selvagens europeus, enquanto os cavalos asiáticos, que não eram resistentes à peste, quase foram extintos. Nesse cenário, os reservatórios da peste da Idade da Pedra seriam os cavalos asiáticos, que infectavam as pessoas constantemente.[1] Os cavaleiros passavam muito tempo nas costas dos cavalos, inevitavelmente em contato próximo e trocando bactérias. Naquela época, quase todos os homens das estepes eram cavaleiros. Com apenas uma exceção, todos os patógenos da peste da Idade da Pedra foram encontrados em homens com o DNA das estepes.

Todas essas narrativas sobre a peste na Idade da Pedra se baseiam em suposições e deduções. O que sabemos é que a doença estava às portas da Europa antes mesmo da grande mudança radical na população e que alguma coisa antes ou durante a grande

Durante muito tempo, as pessoas não faziam ideia da origem da misteriosa peste ou como exatamente ela era transmitida. Quando Arnold Böcklin pintou A peste, em 1898, a bactéria tinha acabado de ser descoberta por Alexandre Yersin.

imigração causou um declínio populacional extremo. Para mim, o cavalo asiático oferece uma explicação óbvia, embora não seja a única. Se Alexandre Yersin também tivesse infectado um cavalo de Przewalski com a peste, nós saberíamos um pouco mais. Por outro lado, o pobre animal de teste provavelmente teria morrido.

As condições na fase tardia do Império Romano

A forma conhecida mais antiga da peste bubônica surgiu no máximo há 3.800 anos na região de Samara. A forma não bubônica mais antiga, que surgiu na Idade da Pedra, morreu há cerca de 3.500 anos; pelo menos, essa é a idade do exemplar mais recente que encontramos. Ninguém tem certeza da potência da nova cepa bubônica naquela época; pelo menos, nossa análise genética revelou que ela carregava todos os genes de virulência que eram necessários para infectar as pulgas e parecia praticamente idêntica às cepas de peste encontradas hoje no mundo todo. Portanto, não podemos descartar a possibilidade de ondas de peste bubônica terem assolado a Europa e o Oriente Próximo daquela época em diante. Desenhos antigos, por exemplo, retratam não só o colapso dos impérios durante a migração dos povos do mar, como também uma "peste dos hititas", que teria atingido o império pouco antes de seu colapso. É pura especulação, claro, se a bactéria da peste ou algum outro patógeno foi responsável pela queda dos hititas e de outras civilizações do Oriente Próximo. Se foi mesmo a peste, a doença provavelmente já era transmitida pelas pulgas.

As pulgas e a peste bubônica formavam uma dupla eficiente, mas ainda faltava um fator crucial: o rato-preto, que expandiu significativamente o território da bactéria. Tudo indica que os ratos-pretos migraram para a Europa com a expansão do Império Romano. O Império Bizantino, na verdade, foi o local da primeira epidemia de peste documentada na história da humanidade. Assim como aconteceu com a peste negra, os pesquisadores inicialmente não sabiam se a praga de Justiniano, que começou no século VI – e cujo nome veio do imperador regente Justiniano, que pegou a doença, mas sobreviveu –, era realmente uma epidemia da peste ou de outra doença. O historiador Procópio de Cesareia registrou sintomas detalhados da doença que atacou milhões de pessoas a partir de meados do século VI. Ele descreveu inchaços conhecidos como bubões na virilha, acessos de cólera e alucinações. A única chance de sobrevivência das vítimas era estourar os bubões. Escrevendo na capital Constantinopla, atual Istambul, Procópio descreveu dezenas de milhares de mortes todos os dias. Não é de admirar que muitas testemunhas da época acreditassem que o fim do mundo estava próximo. Nossas análises genéticas das vítimas da praga de Justiniano – nas quais conseguimos recuperar os genomas da Baviera e do sul da Inglaterra, além dos da França e da Espanha – provam que a praga de Justiniano foi, na verdade, um surto de peste bubônica, e que a morte se alastrou bem ao norte e ao oeste do continente.

A praga de Justiniano se proliferou primeiro em Constantinopla. A causa direta provavelmente foi um terremoto terrível em 542, que reduziu partes da cidade a ruínas. Uma teoria sugere que os corpos – além de uma grande quantidade de alimentos caída dos armazéns – podem ter provocado um aumento abrupto na população de ratos, criando as condições ideais para o alastramento de ratos infestados de pulgas. Como Constantinopla era muito interligada com outras cidades portuárias do Mediterrâneo pelo mar, a epidemia que assolou toda a Europa provavelmente se movimentava pelas rotas marítimas. A praga de Justiniano também coincidiu com a fase tardia do período de migração após a queda do Império Bizantino no fim do século V. Conforme migravam, os seres humanos transmitiam e propagavam a doença. A peste bubônica pode até ter sido transportada pelo Canal da Mancha para o sul da Inglaterra pelos anglos e pelos saxões.

Surtos do que provavelmente era a peste bubônica continuaram a explodir até o século VIII. As pessoas de todos os lugares tinham medo não só das epidemias mortais e repetidas, mas também da instabilidade política que seguia o seu rastro. Os historiadores também atribuíram, em parte, a queda da influência do Império Bizantino às guarnições atormentadas pela peste. O Reino Franco se expandia aos poucos para o norte, e Roma, que antes era uma grande metrópole, diminuiu até virar uma pequena cidade no território dos lombardos. Seria muito simplista atribuir isso tudo à peste, mas não há dúvida de que a doença teve um impacto profundo na experiência humana e nas estruturas sociais.

A Europa passou por pelo menos mais 18 epidemias graves até o século VIII: cerca de um surto por década. A razão para a peste ter desaparecido no século XIV ainda não foi explicada, mas existem algumas evidências arqueológicas claras de que a população de ratos-pretos diminuiu drasticamente nesse período. Durante a fase obscura do fim do primeiro milênio, pode ter havido menos pessoas e menos povoados e, por isso, condições menos favoráveis para os ratos. Talvez a bactéria da peste tenha ficado temporariamente sem fôlego.

Fronteiras bem fechadas, forasteiros suspeitos

As pessoas da Baixa Idade Média (cerca de 1250 a 1500) devem ter se sentido razoavelmente seguras em relação a pragas catastróficas. Afinal de contas, mais de 500 anos tinham se passado desde os pesadelos dos séculos VI a VIII. A linhagem da bactéria *Yersinia pestis*, responsável pela praga de Justiniano, estava extinta, como provam as nossas análises genéticas.

A história de como a peste negra chegou à Europa foi contada muitas vezes, mas ainda é difícil entender os seus horrores. Um dos episódios mais assustadores aconteceu na Crimeia, na cidade portuária de Caffa (hoje chamada de Teodósia), uma colônia mercantilista que pertencia à República Marítima de Gênova.

Desde 1346, Caffa estava sendo sitiada por tropas mongóis do Império da Horda de Ouro, que na época era uma grande potência na Ásia Central e no leste da Europa. Na primavera de 1347, os mongóis catapultaram cadáveres e pedaços de corpos por cima dos muros da cidade. Muitos dos agressores estavam com a peste – na verdade, segundo fontes, a doença assolava a Horda de Ouro havia muitos anos –, então os mongóis já sabiam da potência mortal dessa epidemia misteriosa que vinha derrubando seus companheiros. Essa forma primitiva de guerra biológica foi brutalmente eficaz, e a peste se espalhou pelas ruas de Caffa. Em pânico, os habitantes embarcaram em navios para fugir do que parecia ser a morte certa.

A peste já devia ter matado boa parte da tripulação a bordo dos navios, mas os sobreviventes devem ter desembarcado nos portos e infectado uma população inteiramente despreparada. Dos portos do Mar Mediterrâneo, a peste foi carregada para o norte, muitas vezes pelas pessoas que tentavam escapar dela. Não demorou muito para as notícias se espalharem como fogo na mata: os estrangeiros, diziam, estavam levando a morte e a destruição. Testemunhas da época relataram que as pessoas ficaram com medo de todos os forasteiros – o mero boato de que refugiados estavam a caminho era suficiente para deixar cidades inteiras em polvorosa e provocar controles de fronteiras e bloqueios de comunicação. Talvez estivessem testemunhando o início histórico de ligações questionáveis, feitas por políticos, entre imigração, violência e doenças.

Ideias bizarras sobre as origens da peste eram frequentes. Todos os forasteiros eram suspeitos, mas a comunidade judaica era a que mais sofria com essa suspeita. Os judeus foram acusados de ter envenenado poços, e centenas de casas judaicas foram massacradas por surtos de violência desenfreada. Os doentes e os pobres eram o alvo, mas às vezes os ricos e os nobres também – em essência, todas as pessoas que não pertenciam à maioria da sociedade eram estigmatizadas. Embora não soubessem como a peste era transmitida, os observadores percebiam que a doença era altamente contagiosa e acometia qualquer um sem distinção. O tabelião italiano Gabriele de Mussis descreveu o caráter implacável da doença, que afligia "habitantes dos dois sexos em todas as cidades, todos os locais e todos os países". Muitos observadores especulavam sobre um "miasma pestilento" que viajava de um país para outro, ceifando a vida de suas vítimas. Durante os séculos seguintes, a peste atingiu algumas cidades com uma frequência especial, inclusive Veneza, onde comerciantes do mundo inteiro faziam negócio. Pouco depois de um surto, a cidade proibia a entrada de forasteiros; os capitães que desobedecessem eram multados e ameaçados com a queima de seus navios. O fechamento dos portos era a maneira preferida das autoridades de evitar o alastramento da doença em muitos lugares, embora fosse basicamente ineficaz.

A quarentena, que envolvia isolar os recém-chegados por quarenta dias (*quaranta*, em italiano), foi inventada nessa época. Muitas cidades criaram autoridades sanitárias, mas os responsáveis não sabiam nada sobre o potencial mortífero de ratos e pulgas. Eles se concentravam em segregar os doentes, o que, na maioria das vezes, significava aglomerá-los com outras vítimas e abandoná-los à própria sorte. Os cadáveres eram descartados de maneira rápida, normalmente jogados em valas – hoje, de um jeito mórbido, uma fonte confiável de amostras de peste para os arqueogeneticistas.

Os médicos eram os precursores da morte: a máscara com bico de pássaro usada nesta calcografia do século XVII é uma prova de que as pessoas pelo menos suspeitavam do risco de uma infecção transmitida pelo ar.

Tentando estimar o número de vítimas, alguns historiadores acreditam que as testemunhas da época podem ter exagerado esse número porque as circunstâncias eram muito terríveis e muito novas. Pode ser que, na verdade, menos de 2/3 de todos os noruegueses e 60% dos ingleses, espanhóis e franceses tenham morrido, conforme apontam alguns registros. Mas até mesmo as estimativas mais conservadoras vão muito além do que podemos imaginar hoje. Apenas a Guerra dos Trinta Anos, que também foi acompanhada pela peste, provocou mortes numa magnitude semelhante. De acordo com a estimativa atual mais modesta, 1/3 dos europeus morreu durante a peste negra, 27 milhões numa população total de aproximadamente 80 milhões. É difícil avaliar o grau de destruição que a praga levou a certas regiões, especialmente às cidades portuárias, mas, em alguns casos, ela pode ter dizimado metade da população – como fez em Londres, por exemplo. Quase todas as pessoas (ou, pelo menos, muito mais do que a metade dos europeus) devem ter sido infectadas pela bactéria, já que hoje sabemos que, sem tratamento médico – e ninguém era tratado na Idade Média –, a peste bubônica era fatal em "apenas" 50% dos casos. Os outros 50% desenvolviam uma imunidade pelo resto da vida.

IMUNIDADE

Sem o sistema imunológico, não existiriam seres humanos. Não existiriam mamíferos e, provavelmente, nem organismos multicelulares primitivos. O mundo é cheio de bactérias, vírus e outros patógenos que precisam de uma resposta do corpo – e ele responde. O corpo tem dois sistemas de defesa principais. O primeiro é o sistema imunológico inato, um mecanismo que as criaturas complexas têm há cerca de

400 milhões de anos. Os humanos têm esse sistema em comum com muitos outros animais, inclusive o caranguejo-ferradura. Ele permite que o organismo reconheça e combata as proteínas que podem prejudicar o corpo. Antes que consiga se multiplicar no sangue, o patógeno é englobado e digerido por macrófagos, também chamados de fagócitos.

Mas o sistema imunológico inato só consegue destruir vírus e bactérias se ele reconhecê-los como tais. Uma das características que permitem que os macrófagos consigam reconhecer as bactérias são os propulsores minúsculos, também chamados de flagelos, que elas usam para se movimentar pela corrente sanguínea. Parte do sucesso da bactéria da peste se deve a uma mutação que ocorreu quando ela se separou de sua parente mais próxima, a *Yersinia pseudotuberculosis*. Ela perdeu os flagelos, fazendo com que o sistema imunológico inato não conseguisse mais reconhecê-la. Ela também adquiriu a capacidade de enganar os macrófagos e se multiplicar dentro deles. As bactérias produzem um escudo protetor de proteínas para não serem digeridas.

O sistema imunológico inato não consegue lidar com esses vírus e bactérias tão bem-equipados, e é aí que entra o sistema imunológico adaptativo. Esse segundo sistema é um desenvolvimento evolutivo mais recente e tem que se formar dentro de cada ser humano – um processo que exige uma infecção. Os glóbulos brancos passam a reconhecer estruturas específicas na superfície dos patógenos e respondem com uma gama de contramedidas que, por fim, inundam o sangue com anticorpos e destroem as bactérias ou os vírus invasores. No entanto, esse processo leva entre 9 e 14 dias e, nesse meio-tempo, o corpo precisa sobreviver de alguma forma. Ele costuma lidar muito bem com os vírus da gripe, mas, quando se trata da peste, o resultado depende da sorte e da aptidão física da pessoa infectada. O sistema imunológico adaptativo então não produz somente anticorpos, mas também células de memória, que permitem que o corpo responda imediatamente na próxima vez que for atacado. Essa proteção pode durar até 40 anos depois da infecção inicial – esse é o mecanismo explorado pelas vacinas. Depois que uma pessoa sobrevive à peste, o patógeno será derrotado pelo sistema imunológico adaptativo se a pessoa voltar a se infectar. Por outro lado, se a peste ganha a batalha, as bactérias se espalham pelo corpo, e a pessoa morre de sepse ou de falência dos órgãos. Só é possível saber se uma pessoa teve a peste se ela tiver morrido da doença. Se ela sobreviver, os anticorpos terão destruído todas as bactérias, sem deixar nenhum resíduo genético.

O ataque dos clones

Depois do primeiro surto da peste negra, a peste acompanhou os europeus durante séculos. Se calcularmos todos os registros históricos de epidemias de menor e maior escala, houve um total extraordinário de 7 mil surtos nesse período. Eles são chamados coletivamente de "Segunda Pandemia". A última grande onda provavelmente ocorreu em Marselha, entre 1720 e 1722. Durante muito tempo não se sabia se a doença descrita pelas testemunhas como peste era o mesmo patógeno que causava a peste negra, mas, ao sequenciarmos diversos genomas da peste, confirmamos esse diagnóstico há pouco tempo. Em Marselha, no século XVIII, as pessoas ainda estavam morrendo da cepa da peste bubônica que chegou à Europa no século XIV.

Na verdade, durante o período da peste negra, agora sabemos que o patógeno não era só da mesma cepa – era um clone. Todas as pessoas que morreram durante essa pandemia inicial foram atacadas por versões idênticas de uma única bactéria. Isso foi uma surpresa e tanto, porque os patógenos sofrem mutações com muita frequência (é por isso que as vacinas da gripe precisam ser atualizadas todos os anos). Mas as análises genéticas mostram que a bactéria da peste não pode ter sofrido mutações durante o período de horror de seis anos, porque ela sofre mutações a uma taxa incomumente baixa: uma mutação a cada dez anos. O clone também nos mostrou que a bactéria da peste só chegou à Europa uma vez. Antes, suspeitava-se de que a peste negra podia ter sido levada para o continente repetidas vezes por navios ou pelo comércio. Mas, se fosse assim, teríamos encontrado várias cepas diferentes da peste desse período, não um clone idêntico da bactéria que causou a morte de milhões de pessoas.

A Europa, não a África nem a Ásia, se tornou um foco da peste. Ao longo dos séculos seguintes houve repetidas reincidências. Esses surtos provavelmente ocorriam quando as pessoas baixavam a guarda pelo fato de já terem se passado algumas décadas desde a última epidemia. Esses longos intervalos eram consequência da imunidade adquirida pelos sobreviventes da peste. Assim que o número de pessoas imunizadas diminuía e a população voltava a ser vulnerável à bactéria, a próxima epidemia explodia. As crianças, cujo sistema imunológico nunca tinha sido exposto à bactéria, eram mais vitimadas do que a média. Entre um surto e outro, a peste provavelmente sobrevivia nas enormes populações de ratos da Europa.

A peste negra, portanto, foi a mãe da peste europeia. Ela foi a origem de todas as cepas europeias posteriores, colecionando mutações aos poucos antes de desaparecer da Europa para sempre no século XVIII.

De volta às origens

Depois de se espalhar pela Europa, a peste voltou ao seu lugar de origem: a Ásia. Nossas análises genéticas confirmaram que um descendente do clone europeu apareceu no Império da Horda de Ouro no fim do século XIV (a mesma Horda de Ouro que tinha jogado cadáveres em Caffa 50 anos antes). Até hoje, a população de roedores da Ásia Central é o maior reservatório dessa bactéria no mundo.

Na China do século XIX, a cepa medieval da peste nascida na Europa ressurgiu e provocou a terceira grande pandemia de peste bubônica da história da humanidade. Ela dizimou cerca de 12 milhões de pessoas em mais ou menos 50 anos. A peste de Hong Kong, como é conhecida, atingiu mais do que a China: ela foi especialmente grave na região do Pacífico e em grandes faixas de terra da Ásia, mas também foi carregada por navios a vapor para as Américas e a África. A doença persiste nessas partes do mundo até hoje. O surto em Madagascar, em dezembro de 2017, pode ser rastreado até a peste de Hong Kong, e nos Estados Unidos placas no Grand Canyon alertam os turistas em relação ao mesmo patógeno que evoluiu na Europa durante a peste negra. Agora sabemos que outras cepas devem ter existido na China no fim do século XIX – na verdade, a maioria existe até hoje –, mas só a bactéria descendente da peste negra conseguiu se espalhar por todo o globo.

Na maioria das regiões da Europa, o patógeno é considerado extinto, mas em algumas ainda é relativamente difundido: na Ásia Central, existem mais de duas dezenas de reservatórios da bactéria em roedores, enquanto na América no Norte ela é comumente carregada pelos cães-da-pradaria. Atualmente, a doença pode ser tratada com antibióticos, por isso perdeu muito do seu terror medieval, mas ela ainda é fatal em muitos casos, principalmente se a vítima for infectada pela peste pulmonar, que costuma matar o hospedeiro antes de ser identificada ou tratada.

Os pesquisadores até hoje discutem se os ratos-pretos realmente foram um reservatório da peste na Idade Média. Mas existe uma boa quantidade de evidências que sugerem isso. A peste desapareceu com a queda do Império Romano, no mesmo momento em que a população de ratos-pretos diminuiu, e ressurgiu no fim da Idade Média, quando as cidades e as populações de ratos na Europa cresceram. Isso também explicaria por que a peste assolou a Europa pela última vez no século XVIII. Naquele período, o rato-preto foi suplantado pelo seu parente vivo mais próximo, a ratazana, que desafiava seus inimigos muito menores para defender seus territórios e às vezes até os comiam. Assim como a peste negra séculos antes, essa espécie agressiva provavelmente foi levada para a Europa por rotas marítimas – só que, dessa vez, com consequências positivas para a humanidade. As ratazanas também podem transportar a peste, mas não vivem tão próximas dos seres humanos, e esse pode ter sido um fator que contribuiu para a eliminação da peste na Europa. Hoje, os ratos-pretos estão restritos a certos refúgios na Europa e são até considerados uma espécie em perigo de extinção em alguns países do mundo.

Não importa se o rato-preto foi ou não responsável por uma das maiores catástrofes da história europeia, porque o medo do animal está arraigado na memória coletiva dos europeus. Apesar disso, as criaturas que inspiram tanto nojo hoje, as ratazanas, podem ter nos salvado da peste. Infelizmente, elas só proporcionaram um breve descanso: as próximas epidemias mortais já estavam a caminho, prontas para assumir o manto do pavor.

CAPÍTULO 9

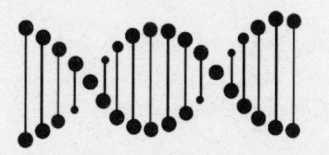

Novo mundo, novas pandemias

Madre Teresa provavelmente tinha hanseníase. A tuberculose nada até as Américas. A corrida armamentista entre humanos e patógenos. As epidemias chegam antes dos colonos. As infecções sexualmente transmissíveis dos seus vizinhos.

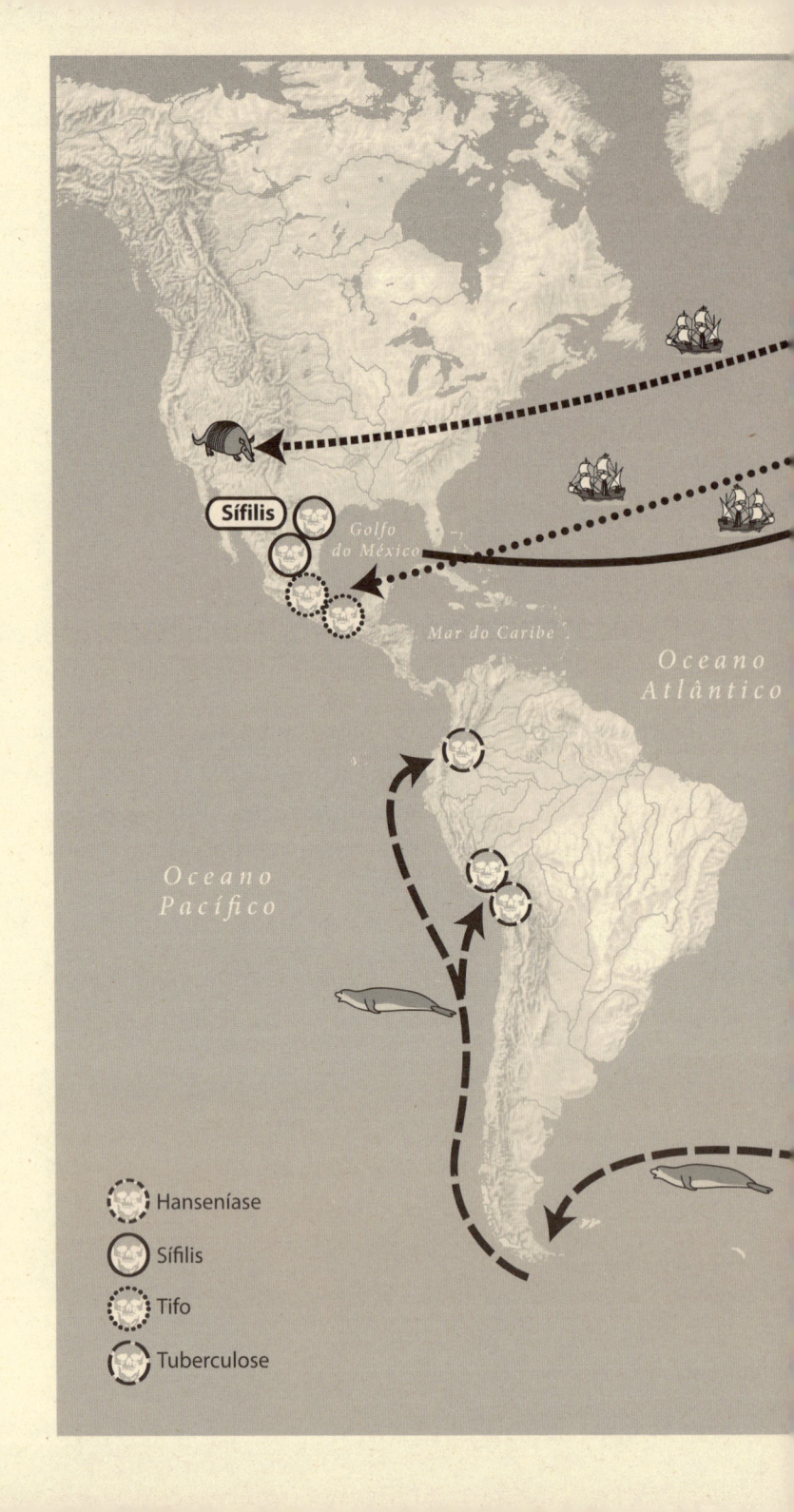

- Hanseníase
- Sífilis
- Tifo
- Tuberculose

Novo mundo, novas pandemias

Tifo

Hanseníase

Mar Mediterrâneo

Mar Arábico

Tuberculose

Oceano Índico

Oceano Atlântico

400	600	800	1000	1200	1400	1600	1800

- Patógeno da hanseníase em Great Chesterford, Grã-Bretanha
- Tuberculose pré-colombiana no Peru
- Peste negra
- Início da epidemia de sífilis na Europa
- Epidemia de *cocoliztli* no México

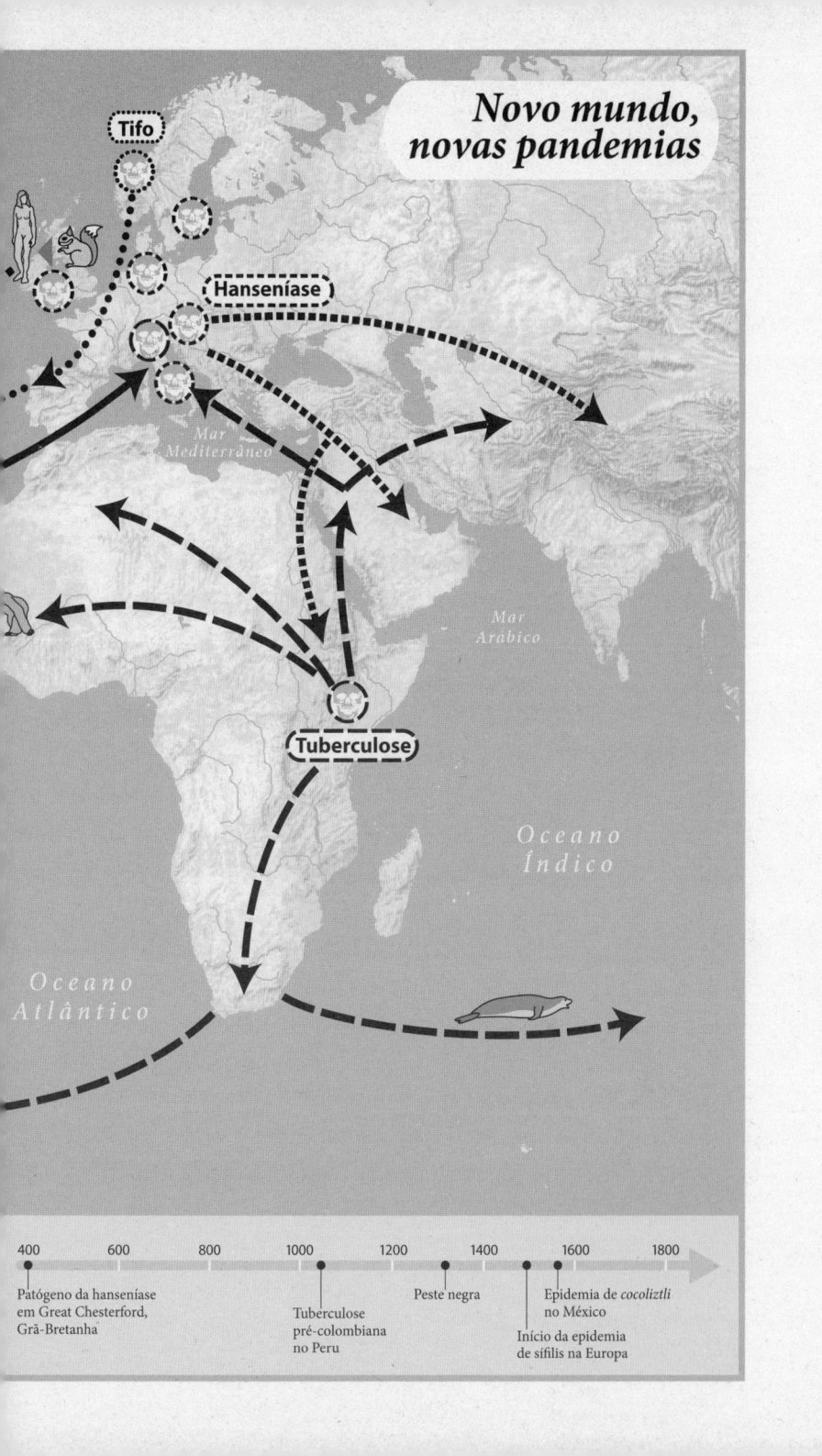

Morte nos locais de isolamento

As pessoas na Idade Média viviam com medo de outra doença terrível: a hanseníase. Para os afetados, talvez fosse um destino ainda pior do que a peste. Embora a maioria das pessoas não morresse como consequência direta da hanseníase, ela era quase sempre equivalente a uma sentença de morte. E, embora a peste matasse suas vítimas em poucas semanas ou até mesmo em alguns dias, a hanseníase infligia anos de tortura, nos quais a vítima morria para a sociedade muito antes de morrer fisicamente.

Assim como a peste, a hanseníase é uma das doenças sobreviventes mais antigas. Ela provavelmente já estava espalhando a destruição na época dos antigos egípcios e hititas, e hoje ainda ocorrem cerca de 200 mil novos casos por ano, principalmente no sul da Ásia. Ela costuma ser associada à missionária Madre Teresa de Calcutá, e por um bom motivo: ela dedicou a vida a cuidar das vítimas dessa infecção bacteriana. Madre Teresa, que recebeu o Prêmio Nobel da Paz, provavelmente foi infectada pela doença, embora nunca tenha ficado doente. Na verdade, a maioria das pessoas que carrega o patógeno não desenvolve os sintomas. Isso também acontecia na Idade Média. Mas as pessoas cujo sistema imunológico não passava no teste da hanseníase eram fortemente acometidas. Elas esperavam a morte quase certa num dos inúmeros campos onde os "leprosos" eram segregados e abandonados à própria sorte.

A bactéria da hanseníase gosta de temperaturas um pouco abaixo da temperatura normal do corpo, por isso ela vive sobretudo nas superfícies expostas da pele: no nariz, nas extremidades e na boca, que é constantemente ventilada quando o hospedeiro respira. A *Mycobacterium leprae* costuma ser transmitida de pessoa para pessoa por meio de gotículas, o que requer um contato próximo. Um sistema imunológico saudável reconhece o patógeno, mas não consegue matá-lo – a camada protetora da bactéria, extremamente espessa e cerosa, o protege. Em vez de destruir os invasores, as células são encapsuladas pelas defesas do corpo. Elas não conseguem se reproduzir, mas permanecem vivas. O hospedeiro está infectado com a hanseníase, mas a doença é controlada pelo sistema imunológico e pode esperar durante décadas.

Se a pessoa estiver enfraquecida por outra infecção ou pela desnutrição, a bactéria da hanseníase pode se libertar de suas garras e se espalhar. O sistema imunológico então ataca não a bactéria em si, mas o tecido saudável ao redor dela. Primeiro a pele é destruída, depois o tecido mole que fica por baixo, e, em casos especialmente graves, os ossos. Ao contrário da crença comum, as extremidades do corpo dos acometidos pela hanseníase não caem; em vez disso, elas são comidas pelo sistema imunológico do próprio hospedeiro. A exclusão social costuma intensificar a doença ao enfraquecer ainda mais as defesas do corpo: as vítimas perdem os relacionamentos sociais e se alimentam mal; elas podem se tornar sem-tetos e receber cuidados médicos limitados. Hoje, isso só é um problema em regiões extremamente pobres, onde a hanseníase é mais comum. Na Europa medieval, esse círculo vicioso era a regra.

Como a hanseníase pode afetar os ossos, os esqueletos de muitas vítimas mostram sinais visíveis da doença, o que não acontece no caso da peste. Os ossos mais antigos que mostravam possíveis sinais de hanseníase foram encontrados nos restos mortais de um esqueleto de 4 mil anos na Índia, mas as marcas nos ossos são ambíguas, então o diagnóstico não é preciso. O caso de hanseníase mais antigo na Europa medieval que conseguimos analisar até agora vem de Great Chesterford, na Inglaterra, onde a doença assolou entre 415 e 545 d.C., mas também tivemos sorte de encontrar uma múmia egípcia de 2 mil anos que preservou o DNA da hanseníase. É relativamente fácil detectar os patógenos históricos da hanseníase, porque o revestimento ceroso ajuda a preservar seu material genético melhor do que o DNA humano.

É provável que a maioria dos europeus no fim da Idade Média estivesse infectada, com a doença pairando como a espada de Dâmocles sobre uma população que já era afligida por surtos de peste a cada década ou duas. Muitos esqueletos europeus medievais têm sinais de hanseníase, e um grande número de locais de isolamento foi criado na Europa do século VI em diante. Especialmente nas cidades sujas e densamente povoadas, que não tinham saneamento básico nem água encanada, a morte e a doença podiam cair sobre a população a qualquer momento e sem nenhum aviso, mesmo sem os frequentes conflitos militares.

A CORRIDA ARMAMENTISTA ENTRE HUMANOS E PATÓGENOS

A ideia de que os genes de resposta imunológica dos humanos nos ajudam na adaptação aos patógenos ainda é só uma teoria. Embora existam muitos fatores que a justifiquem, ainda não temos provas concretas. De acordo com essa hipótese, quando bactérias ou vírus mortais atacam o corpo, as variantes dos genes de resposta imunológica mais aptas a lidar com o patógeno vão prevalecer aos poucos. A sugestão, por exemplo, de que a peste foi da Estepe

Pôntica para a Europa e matou uma grande quantidade de pessoas lá há 5 mil anos – seja antes ou depois da grande imigração – só faria sentido se as populações do leste fossem mais resistentes à peste do que as populações do oeste ou se seu estilo de vida fosse mais adequado para impedir que a bactéria se propagasse. Até agora, não encontramos nenhum sinal de adaptação genética nas amostras da Idade da Pedra, mas também sabemos que mutações que oferecem proteção contra patógenos podem ocorrer fora dos genes de resposta imunológica.

Uma resistência melhor a doenças pode até ser ligada a modificações genéticas prejudiciais que são benéficas em determinadas circunstâncias. Na Sardenha, por exemplo, uma em cada nove pessoas carrega um gene que causa talassemia, uma doença genética que dificulta o desenvolvimento de glóbulos vermelhos. As pessoas afetadas muitas vezes são menos resistentes fisicamente, o que costuma ser uma desvantagem evolutiva. Mas isso claramente não aconteceu na Sardenha, porque um dos efeitos colaterais da talassemia é a resistência à malária. A malária, transmitida por mosquitos, chegou a dizimar o mundo mediterrâneo da Antiguidade. A alta incidência de talassemia na ilha revela que as desvantagens evolutivas do defeito genético foram superadas pelas vantagens da resistência à malária. Em outras palavras, enquanto as pessoas com talassemia, menos resistentes fisicamente, podem ter tido menos filhos, as pessoas sem o defeito genético morriam de malária com mais frequência.

Uma versão semelhante e mais pronunciada desse fenômeno foi observada no leste da África, uma das regiões mais afetadas pela malária hoje. Em algumas áreas, metade da população herdou uma condição genética chamada de anemia falciforme de um dos pais – e, com ela, a resistência à malária. Mas as pessoas que herdaram essa condição de ambos os pais têm poucas chances de sobrevivência. Estatisticamente, nas regiões onde metade da população carrega o traço da anemia falciforme, uma em cada quatro crianças morre da doença. Mesmo assim, a condição continua sendo uma vantagem seletiva – evidentemente porque a malária representa uma ameaça muito pior.

Existe até um defeito genético útil que protege contra o HIV. Em certos indivíduos, o receptor CCR5 é danificado. As pessoas que herdam o defeito de ambos os pais são praticamente resistentes ao HIV – na Europa, isso representa cerca de uma em cada 100 pessoas. Cerca de um em cada dez europeus tem o gene defeituoso de um dos pais e, portanto, pode ter uma proteção maior contra o vírus. No entanto, é provável que as pessoas que carregam a mutação sejam mais suscetíveis ao vírus do Nilo Ocidental e ao patógeno da gripe.

A hanseníase vai, a tuberculose vem

A hanseníase recuou na Europa, talvez em parte devido à melhoria nos padrões de higiene, mas a população não teve uma trégua. Pode não ter sido coincidência que, mais ou menos na mesma época em que a hanseníase diminuiu, a tuberculose (TB) tenha aparecido. A tuberculose e a hanseníase são causadas por micobactérias de parentesco muito próximo. É possível que a tuberculose, transmitida pela inalação de gotículas aéreas, tenha imunizado suas vítimas contra a hanseníase, de modo que uma doença se sobrepôs à outra. De qualquer maneira, do século XVII em diante, a tuberculose matou inúmeras pessoas na Europa, e até hoje é uma das doenças infecciosas mais perigosas e muito espalhada pelo mundo. Cerca de 8 milhões de pessoas adoecem por ano, e 1 milhão delas morrem de infecção por TB. Assim como no caso da hanseníase, a taxa de infecção é muito maior do que se pode registrar. Estima-se que uma em cada três pessoas no mundo esteja abrigando a bactéria da TB neste momento. Assim como o patógeno da hanseníase, ela é envolvida por uma espécie de camada cerosa que o sistema imunológico humano consegue cercar, mas não penetrar. Em pessoas imunodeficientes, as bactérias da TB se espalham nos pulmões e em outros órgãos. Pacientes com tuberculose em estágio avançado sofrem de expectoração com sangue e fadiga progressiva até que as bactérias tenham consumido o corpo, provocando danos ainda maiores nas vias aéreas. A tuberculose muitas vezes é associada à palidez, à perda de peso e, em casos graves, ao escarro com sangue, o que pode ter inspirado o mito literário dos vampiros do século XIX. Até a descoberta dos antibióticos, o único recurso era fortalecer o sistema imunológico dos pacientes – internando-os em sanatórios, por exemplo.

Poucas doenças infecciosas são tão minuciosamente estudadas quanto a tuberculose. No entanto, só nos últimos anos começamos a entender como a TB começou a afetar os seres humanos. Até pouco tempo atrás, a doença era considerada um dano colateral do Neolítico por causa da tuberculose bovina, outra forma da doença. A tuberculose bovina continua sendo amplamente disseminada, e é por isso que pasteurizamos o leite e alertamos as pessoas para não beberem leite sem tratamento. A vaca sempre foi considerada a portadora original da bactéria da tuberculose, por isso se acreditava que os humanos se infectaram quando domesticaram o gado.

No início dos anos 2000, essa teoria foi revogada. Pesquisadores médicos começaram a sequenciar o genoma da tuberculose em amostras colhidas de pessoas e animais para criar uma árvore genealógica. As amostras de tuberculose extraídas de pessoas na África mostravam a maior diversidade genética, e todas as cepas europeias e asiáticas humanas vieram dessa fonte. Por outro lado, a tuberculose bovina se separou de uma cepa humana da bactéria, também na África. Parece que nós infectamos a vaca, não o contrário. Chegou-se à conclusão de que a tuberculose deve ter emigrado da África com os seres humanos. Mas isso também não é 100% verdadeiro.

No início dos anos 2000, no Peru, arqueólogos desenterraram restos mortais mumificados de várias pessoas, três das quais evidentemente tinham sido contaminadas pela tuberculose. Suas vértebras, com mil anos de idade, apresentavam as deformações típicas que ocorrem quando as vértebras torácicas, devoradas pelas bactérias, se partem durante acessos violentos de tosse. Em 2014, conseguimos confirmar o diagnóstico com análises genéticas de amostras dos ossos mumificados. Ficou claro que a TB já era frequente nas Américas muito antes da chegada de Cristóvão Colombo, embora isso fosse considerado improvável até então. Se a tuberculose já existia nas Américas pré-colombianas e foi levada da África para lá por seres humanos, só restava uma possibilidade: a doença deve ter atravessado o Estreito de Bering mais ou menos 15 mil anos atrás, carregada por imigrantes da África.

Mas isso não condizia com as origens genéticas do patógeno da tuberculose encontrado nas múmias peruanas. Esse patógeno descendia do mesmo ramo que a tuberculose bovina. Ao comparar as bactérias modernas da tuberculose do mundo inteiro com os patógenos americanos pré-colombianos, conseguimos estabelecer quando e onde existiu seu último ancestral em comum: em algum lugar na África, cerca de 5 mil anos atrás. Nada disso se encaixa na ideia de que a tuberculose foi levada para as Américas pelos seres humanos 15 mil anos atrás. Há 5 mil anos, a ponte de terra para o Alasca estava submersa, então a tuberculose não poderia ter chegado às Américas por essa via e, com certeza, não em uma vaca, porque sabemos que não havia gado nas Américas pré-colombianas. Da mesma forma, ficou claro que a TB não poderia ter sido levada para a Europa pelos povos que emigraram da África, pois essa onda migratória ocorreu entre 40 mil e 50 mil anos atrás.

O que isso nos diz é que, nos últimos milênios, a TB deve ter encontrado rotas para as Américas e para a Europa que não eram supostas anteriormente. No caso das Américas, agora temos quase certeza de que ela veio da África pelo mar. Patógenos semelhantes à bactéria da tuberculose bovina também foram encontrados em outros animais, como ovelhas, cabras, leões, gado selvagem e focas, e a cepa encontrada nas focas era a mais semelhante à variante nas múmias humanas do Peru. Em um desses animais, a bactéria deve ter encontrado seu caminho da África para a América do Sul atravessando o Oceano Atlântico. Em algumas regiões costeiras da América do Sul, as focas eram uma fonte de alimento popular, por isso as bactérias residentes podem ter infectado a população humana local com facilidade. Nos milênios seguintes, a tuberculose se espalhou por todas as Américas, provavelmente evoluindo para uma variante americana da doença. Foi essa cepa que infectou – e provavelmente matou – os três indivíduos mumificados no Peru.

Hoje, o patógeno ainda é encontrado em focas em todo o Hemisfério Sul. Contudo, os seres humanos nas Américas não carregam mais essa cepa pré-colombiana; até agora, os testes não revelam nada além da tuberculose europeia desde que a colonização começou. Ela claramente foi introduzida pelos colonos após a chegada de Colombo e pode ter contribuído para a devastadora perda de vidas indígenas, em uma época na qual as doenças europeias dizimavam os indefesos povos originários. Se esse cenário for correto, faz sentido não haver nenhuma evidência de que o patógeno americano tenha sido transmitido para os colonos ou se espalhado pela Europa – a tuberculose europeia devia ser significativamente mais agressiva que a americana. Ainda hoje, a cepa europeia prevalece em todo o mundo. Quando e exatamente como o patógeno da TB encontrou seu caminho da África para a Europa ainda não está claro. A TB provavelmente já estava entre nós na Idade Média, se não antes, muito antes de espalhar seu poder mortal.

Uma onda de morte que durou 100 anos

Os americanos ficaram separados dos europeus por no mínimo 15 mil anos, embora ambos tivessem ancestrais em comum na região ao redor do Lago Baikal, onde o menino de Mal'ta foi encontrado. A longa separação pode ser o motivo pelo qual muitos povos indígenas morreram após a chegada de seus parentes europeus distantes no fim do século XV. É difícil mensurar o número dessas vítimas, no mínimo porque as epidemias muitas vezes eram acompanhadas de uma política brutal de conquista que dizimava inúmeras vidas e até culturas. Os invasores podem inclusive ter visto essas doenças como aliadas. Estima-se que até 95% dos povos indígenas americanos tenham morrido nos primeiros 100 anos de colonização. Muitos colonos europeus descreveram doenças que matavam os habitantes do Novo Mundo mas não os afetavam, ou das quais pelo menos eles não morriam.

Os registros escritos que temos dos colonizadores enquanto se mudavam da costa leste da América do Norte para o sul e o oeste podem nos dar uma ideia de como a peste entrou na Europa há 5 mil anos – se a peste realmente se originou nas estepes.

Embora muitos indígenas americanos tenham morrido depois de um contato direto com os exploradores europeus, alguns deles relatam ter chegado a cidades já dizimadas por doenças. Tais cenários lembram aqueles que os arqueólogos reconstruíram das migrações das estepes em povoados nas regiões do Mar Negro.

Embora só possamos especular sobre a Europa da Idade da Pedra, temos uma imagem mais clara da história mais recente nas Américas. Os efeitos mortais dos vírus da varíola e da gripe são muito bem documentados. Contudo, até recentemente, ainda não sabíamos a causa das epidemias mais mortais da história colonial, inclusive a epidemia de *cocoliztli*, que assolou entre 1545 e 1550 a região onde hoje ficam o México e a Guatemala. Estima-se que de 60% a 90% da população tenha sido acometida por uma doença misteriosa; hoje em dia, o sequenciamento de DNA nos diz que essas pessoas provavelmente morreram de febre entérica bacteriana, um tipo de febre tifoide conhecida como paratifoide.

A doença é causada pela bactéria *Salmonella enterica paratyphi C*, encontrada principalmente no sistema digestivo, de onde ela pode se espalhar, colonizando o corpo inteiro. As pessoas infectadas desenvolvem febre alta, desidratação, constipação e, depois, diarreia extrema. Ela é transmitida pelo contato físico ou por ingestão de água ou alimentos contaminados com fezes. Até hoje, mais de 10 milhões de pessoas – geralmente habitantes de países empobrecidos com péssimo saneamento – pegam a doença todos os anos, e cerca de um em cada 100 pacientes morre.

Os povos da América Central em meados do século XVI claramente sofreram de uma manifestação muito grave dessa doença. Os habitantes também fugiam das cidades infectadas. Os cidadãos de Teposcolula-Yucundaa, no sul do México, fugiram para um vale próximo e deixaram para trás um enorme cemitério que continuou praticamente intocado. Em 2018, examinamos os restos mortais de 29 pessoas enterradas ali, e em dez delas encon-

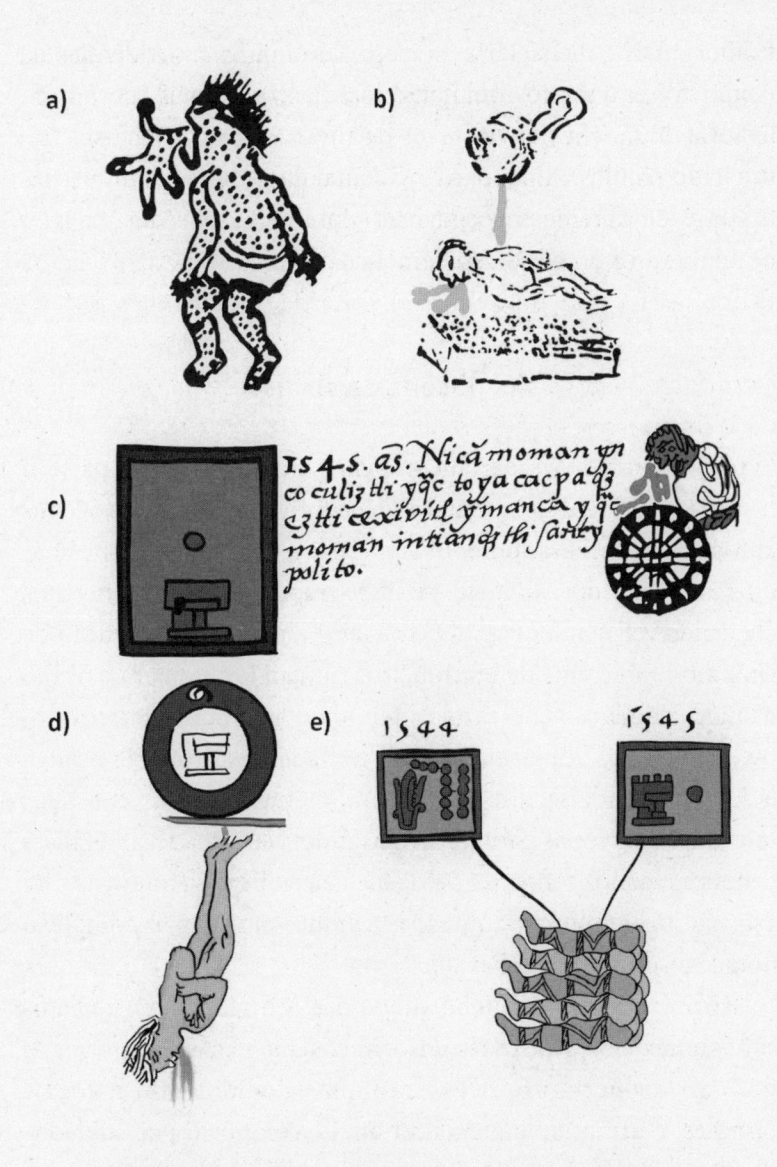

Pictogramas indígenas do começo da colonização do México. Eles ilustram a epidemia de cocoliztli em meados do século XVI. Além de fluxos de sangue saindo do nariz e da boca, o artista também retrata os anos e as valas comuns.

tramos o DNA da bactéria da febre paratifoide. As epidemias na América Central provavelmente estão entre as mais mortais da história. Também houve surtos de tifo na Europa, inclusive no início do século XX, na parte ocidental da Alemanha, industrializada e densamente povoada, mas nenhum desses sequer chegou perto das proporções da epidemia de *cocoliztli*.

As ilusões da sífilis

O início da Idade Moderna europeia e americana é, em parte, a história das doenças, a maioria delas provocada por patógenos europeus que migraram com seus povos para afligir as pessoas do outro lado do Atlântico. A sífilis traçou o caminho inverso, chegando à Espanha em 1493, quando a primeira expedição de Colombo retornou. Os marinheiros tinham levado para o Velho Mundo a doença venérea mais temida dos tempos modernos – ou, pelo menos, foi essa a história contada na Europa. Por outro lado, pesquisadores americanos argumentam que os europeus levaram as bactérias para o Novo Mundo. Na verdade, as análises genéticas mais recentes de patógenos da sífilis das Américas e da Europa sugerem um grau de idas e vindas muito mais complexo do que os dois lados achavam.

No ano em que Colombo voltou das Américas, houve relatos sobre uma doença até então desconhecida nas cidades portuárias do Mar Mediterrâneo. A guerra tinha eclodido entre França e Nápoles, e um grande exército francês, composto por soldados de muitos países, se encontrou na Itália. Quando esses soldados voltaram para o norte em 1495, eles espalharam essa doença, a sífilis, por toda a Europa, onde ela continuaria a assolar as pessoas durante décadas – na verdade, ao longo dos 50 anos seguintes, ela se tornou cada vez mais prevalente. As pessoas inventaram apelidos para a doença, revelando em que medida elas associavam o flagelo aos estrangeiros. Na maioria dos países vizinhos da França, inclusive a Itália, ela era chamada de "doença francesa"; os franceses a chamavam de "doença napolitana". Os escoceses falavam em "doença inglesa"; os noruegueses a associaram aos escoceses. Os poloneses jogavam a culpa toda nos ombros dos napolitanos e dos franceses, enquanto os russos associavam o problema à Polônia. Mas todos pareciam estar de acordo quanto ao lugar de origem da sífilis: o Novo Mundo, de onde ela foi carregada nos navios dos conquistadores que retornavam.

A disseminação da doença no século XVI foi implacável. As bactérias da sífilis, transmitidas principalmente pelo contato sexual, se reproduzem sobretudo na área genital. Os sistemas de defesa do corpo destroem as células ao redor da bactéria, criando lesões dolorosas na carne – e essa é apenas a versão branda. Ao longo dos 50 anos de epidemia, até 16 milhões de pessoas morreram de uma forma especialmente virulenta conhecida como neurossífilis, que hoje em dia praticamente não existe mais. Escapando da resposta imune do corpo, as bactérias da sífilis recuam para as células nervosas antes de serem atacadas pelo sistema imunológico, e a própria resposta do corpo consome parte do cérebro, muitas vezes arrancando o topo do crânio. As pessoas afetadas enlouquecem e morrem agonizando.

A capacidade das bactérias de invadir as células nervosas faz com que arqueogeneticistas tenham dificuldade em detectá-las em esqueletos. Mesmo que os ossos apresentem as lesões típicas da doença, normalmente não se encontra neles mais nenhum DNA do patógeno. Na verdade, é difícil isolar as bactérias até mesmo em pacientes vivos. Em 2018, para mapear o genoma histórico do patógeno pela primeira vez, examinamos alguns esqueletos muito incomuns. Eles pertenciam a cinco crianças mexicanas que morreram entre 1681 e 1861 e que, em sua maioria, não chegaram a viver mais de nove meses. Eles estavam enterrados num antigo mosteiro na Cidade do México e apresentavam sinais muito claros de sífilis congênita, que é transmitida pela mãe durante a gravidez e pode causar graves deficiências e deformidades. As bactérias ainda não tinham recuado para dentro das células nervosas porque o sistema imunológico imaturo das crianças não as tinha atacado. Em três dos cinco esqueletos, encontramos DNA de bactérias – e, surpreendentemente, não só o da sífilis. Uma das crianças tinha morrido de bouba. A sífilis e a bouba são subtipos da mesma cepa bacteriana, o que significa que são parentes próximos e podem causar danos muito parecidos a bebês dentro do útero materno.

Essa descoberta sugere que, no passado, as modificações nos esqueletos causadas pela bouba podem ter sido erroneamente atribuídas à sífilis. Essa suspeita foi apoiada por pesquisas recentes em cinco populações de macacos na África Oriental. Os cientistas estudaram indivíduos que apresentavam claros sintomas de sífilis, inclusive lesões genitais. Mas, ao sequenciarmos os patógenos presentes, verificamos que todos os animais tinham bouba.

O sequenciamento dos patógenos nos bebês da América Central e nos macacos africanos nos deu uma nova perspectiva sobre a sífilis. A doença pode ter tido uma irmã muito parecida que foi erroneamente diagnosticada nos séculos passados. Se foi assim, isso abre espaço para uma interpretação diferente da sífilis e de sua história. A doença pode ter ido das Américas para a Europa com os marinheiros que retornavam, mas, em contrapartida, os europeus podem ter levado a bouba para o Novo Mundo. Nesse caso, esses souvenires mortais e sexualmente transmissíveis foram uma característica recíproca das primeiras relações transatlânticas.

Os macacos africanos podem ter sido os hospedeiros originais do ancestral em comum da bouba e da sífilis. De acordo com essa teoria, eles teriam transmitido as bactérias para os seres humanos. Depois disso, entre 40 mil e 50 mil anos atrás, os dois tipos de bactéria se separaram – em outras palavras, a separação ocorreu na época em que os seres humanos modernos estavam saindo da África e se espalhando pelo mundo inteiro. Os habitantes originais das Américas, que atravessaram o Estreito de Bering, podem ter levado consigo a doença que, nos 15 mil anos seguintes, evoluiu para a sífilis moderna. Enquanto isso, na África, a bouba evoluiu. A época exata em que ela chegou à Europa não é clara, mas há muitas evidências que sugerem que a doença já estava presente durante a Idade Média. Inúmeros esqueletos anteriores a 1493 – da Grã-Bretanha, por exemplo – apresentam nítidos sinais de sífilis. Até o momento, esses achados têm sido considerados evidências de que a doença já existia na Europa antes da descoberta das Américas, mas tenho quase certeza de que os mortos em questão sofriam de bouba.

Perigo subestimado

Para a maioria das pessoas do mundo ocidental moderno, a peste, a hanseníase, a febre paratifoide, a tuberculose e a sífilis são pouco mais do que espectros de tempos antigos. Infecções bacterianas como essas não são mais vistas como potencialmente fatais, tendo sido substituídas por terríveis pandemias virais. Um exemplo é a gripe espanhola, que dizimou quase tantas vidas humanas entre 1918 e 1919 quanto a Primeira Guerra Mundial. Ou a varíola, que só foi erradicada na década de 1970 depois de quase 300 anos de campanha pela vacinação contra a doença. Ou o HIV, que custou a vida de cerca de 40 milhões de pessoas desde a década de 1980. E a pandemia de covid-19 a partir de 2020, ainda tão recente.

Embora as doenças bacterianas tenham sido mantidas sob controle na Europa por mais ou menos um século, não existem motivos para baixar a guarda. Ainda estamos longe de tornar as bactérias inofensivas. Na verdade, devemos supor que os flagelos da Idade Média podem voltar, talvez daqui a algumas décadas. Existem sinais de que isso já está acontecendo.

A epidemia de tuberculose que começou no século XVI continua hoje em pleno andamento. Embora milhões de pessoas ainda carreguem a bactéria, não a tememos porque temos os antibióticos. Descobertos no meio do século XX, os antibióticos pareciam uma boa defesa contra praticamente todas as infecções bacterianas.

Hoje sabemos que essa sensação de segurança era falsa. Mais e mais bactérias estão desenvolvendo resistência aos antibióticos porque usamos excessivamente esses medicamentos, tanto na pecuária, como estimulante do crescimento, quanto na medicina humana. Hoje já conhecemos toda uma série de cepas de tuberculose que são resistentes a vários antibióticos. As bactérias se adaptam muito rápido. É comum elas apresentarem os primeiros sinais de resistência um ano após a introdução de um novo antibiótico. A medicina tem apenas alguns anos de vantagem em relação ao patógeno da tuberculose. Para uma bactéria que persevera na população humana há cerca de 5 mil anos, o avanço decisivo no desenvolvimento dos antibióticos foi apenas um pequeno contratempo numa corrida muito mais longa. Até meados do século XXI, muitos pacientes de tuberculose poderão estar infectados com bactérias totalmente resistentes.

As bactérias multirresistentes e a iminente crise dos antibióticos fazem parte da "terceira transição epidemiológica" que o mundo está prestes a enfrentar. A primeira transição ocorreu quando os humanos se tornaram agricultores. Vivendo em proximidade com os animais, eles pegavam seus patógenos e os espalhavam pelos vilarejos. A segunda transição ocorreu apenas recentemente, com a implementação de medidas sanitárias no século XIX e a introdução dos antibióticos no século XX. As doenças bacterianas caíram na insignificância, e doenças de ricos tomaram a dianteira, principalmente no Ocidente. No lugar da tuberculose, da peste ou da cólera, doenças cardiovasculares e diabetes agora estão entre as principais causas de morte. Na próxima fase, as velhas doenças poderiam retornar em breve, mesmo nas regiões prósperas do mundo. Em muitos países mais pobres, as mortes por hanseníase, tifo, tuberculose e até mesmo pela peste ainda fazem parte da realidade diária. A sífilis está avançando de forma lenta e certa na Europa. Em parte porque o HIV agora pode ser tratado, embora não possa ser curado, mais pessoas estão decidindo não usar preservativos – um jogo perigoso, porque o patógeno da sífilis, assim como os micro-organismos que provocam outras ISTs, está se tornando cada vez mais resistente aos antibióticos.

No entanto, uma situação em que as bactérias encontram populações intocadas e especialmente vulneráveis faz parte do passado. O que aconteceu durante a onda migratória há 5 mil anos e durante a colonização das Américas no fim do século XV já não são cenários plausíveis. Hoje, a população do mundo é cerca de 500 vezes maior do que na Idade da Pedra e 15 vezes maior do que na época de Colombo. As pessoas têm uma mobilidade cada vez maior. Só nas últimas três décadas, o número de voos por ano dobrou no mundo todo, e os europeus são um dos grupos com mais mobilidade. Viajando pelo planeta como turistas, eles garantem a contínua globalização de vírus e bactérias. A mobilidade e as doenças infecciosas andam de mãos dadas desde o Neolítico, e parece que isso não vai mudar.

A arqueogenética tem um papel a desempenhar que vai muito além do interesse acadêmico. Ao compararmos patógenos antigos e modernos, podemos começar a entender como eles evoluíram ao longo dos últimos anos e séculos e o que o DNA humano faz para neutralizá-los. Com isso, podemos ajudar a comunidade médica a manter o ritmo na constante corrida armamentista biológica. Uma das reviravoltas mais fascinantes da evolução humana é que, em menos de um século, conseguimos passar de vítimas indefesas de bactérias e vírus a adversários dignos. Agora precisamos garantir que não vamos desperdiçar essa vantagem competitiva.

CAPÍTULO 10

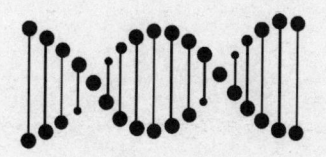

Conclusão
O caldeirão cultural global

Tudo era pior no passado. Não somos um só povo.
A África é mal compreendida. Medo dos nômades.
A inteligência é distribuída de maneira injusta, mas uniforme.
Os humanos criam a própria evolução. As fronteiras caem.

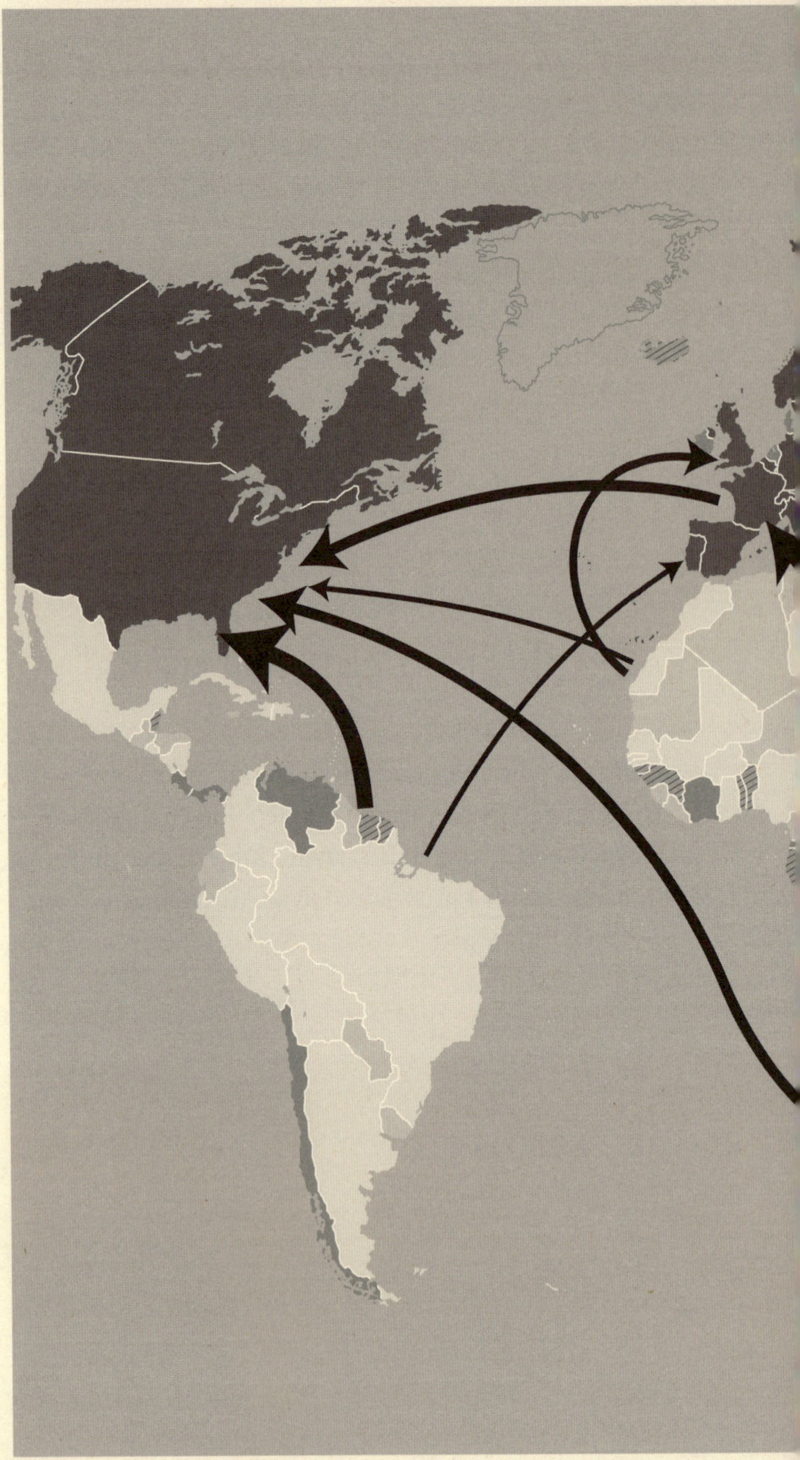

O caldeirão cultural global

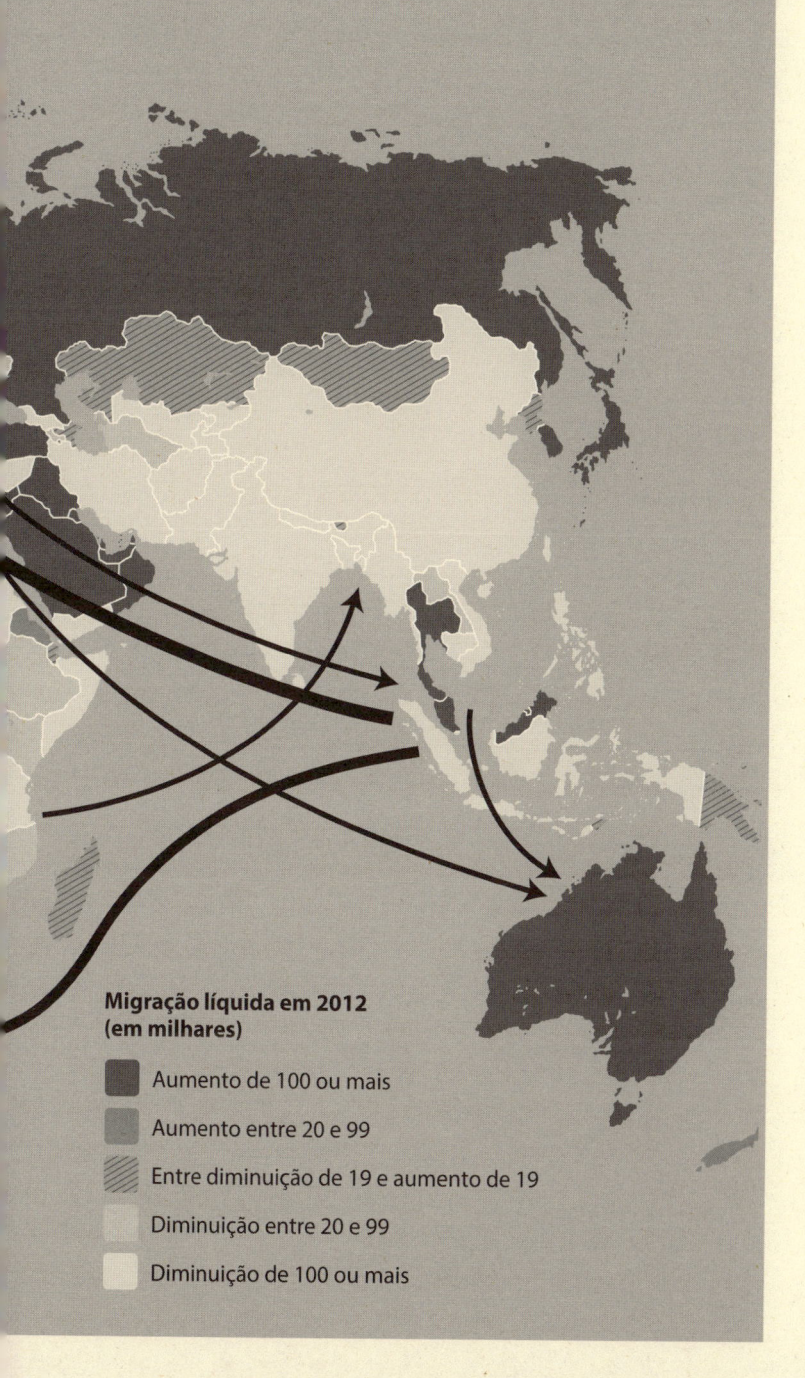

Migração líquida em 2012 (em milhares)

- Aumento de 100 ou mais
- Aumento entre 20 e 99
- Entre diminuição de 19 e aumento de 19
- Diminuição entre 20 e 99
- Diminuição de 100 ou mais

Sem romantismo, sem fatalismo

Em junho de 2018, Donald Trump entrou no Twitter e apelou para um medo profundamente arraigado e disseminado: de que a migração é sinônimo de importação de violência e doenças. Gangues criminosas, tuitou o neto de imigrantes escoceses e alemães, "entrariam a rodo e infestariam" o país com violência. Não foi por acaso que Trump quis criar a maior ambiguidade possível quando escolheu a palavra "infestar", que normalmente é usada no contexto médico e sugere um perigo infeccioso. A reação dos seus fãs e opositores mostrou que a mensagem chegou a seu destino e alimentou a grande divisão que cada vez mais vem separando conservadores e progressistas ao longo da última década.

Também na Europa, igualar a imigração à doença e à violência não é mais um fenômeno de grupos marginais da extrema-direita, mas uma diretriz de vários governos que chegaram ao poder graças a promessas anti-imigratórias. Usando a metáfora de Trump, a mensagem deles tem se espalhado pela sociedade ocidental há anos como um vírus agressivo. Hoje em dia, imigração, violência e doença são uma mistura inseparável para muitas pessoas: as doenças "atacam", as sociedades são "infestadas" pela violência, os refugiados "tomam" a Europa e a América do Norte, a "fortaleza" ameaça ruir.

Em grandes partes do mundo ocidental, a imigração tem conotação predominantemente negativa. Isso não é nenhuma novidade, e é claro que não é um fenômeno exclusivamente ocidental. No mundo todo, as reservas em relação aos imigrantes sempre foram justificadas por ansiedades relacionadas à violência e às doenças – e pelo medo de que a própria cultura possa ser ameaçada ou até mesmo suprimida por uma cultura estrangeira. Contrariar esses argumentos não é uma tarefa fácil. Até as evidências arqueogenéticas sobre a história das migrações parecem oferecer alguma justificativa para todos: aqueles que veem a imigração como parte vital de uma cultura e uma população em evolução e aqueles que a veem como o mal perpétuo da humanidade.

As análises genéticas nos deram um quadro bem preciso do que aconteceu durante a Revolução Neolítica, iniciada na Europa há 8 mil anos. Os arqueólogos já sabiam há muito tempo que as pessoas começaram a plantar mais ou menos nessa época. Embora eles tivessem detratores, muitos pesquisadores teorizavam que essa revolução era mais uma transição suave do que uma grande reviravolta. Segundo eles, a agricultura foi carregada do Oriente Próximo para todos os cantos da Europa como se fosse uma tocha, levando novos conhecimentos e semeando a terra com grãos. Com as evidências genéticas que reunimos, no entanto, podemos afirmar com certeza que a agricultura foi levada do Oriente Próximo para a Europa por grandes famílias de imigrantes que subjugaram as populações estabelecidas. Como as populações antigas e novas não tiveram quase nenhum contato durante séculos, *faz sentido* falar em supressão cultural. O período Neolítico é um excelente exemplo do declínio do "Ocidente" e do triunfo do "Oriente" – ainda que, naquela época, o Ocidente fosse uma sociedade extremamente simples, na qual as pessoas viviam como nômades em florestas e prados, enquanto os imigrantes do Oriente Próximo importaram um estilo de vida significativamente mais avançado.

Embora a Revolução Neolítica ainda possa ser considerada uma tomada amplamente pacífica – ainda que imposta – da

Europa por populações estrangeiras, essa visão se torna muito mais complexa quando analisamos a segunda grande onda migratória, que teve início por volta de 5 mil anos atrás. No Período Neolítico, os imigrantes do Oriente Próximo se viram num continente escassamente povoado, que oferecia a eles e às populações estabelecidas espaço suficiente e comida para todos. No entanto, 3 mil anos depois, quando chegaram das estepes, os novos europeus encontraram uma população enfraquecida – provavelmente pela praga que eles tinham importado. Portanto, a história da imigração na Idade do Bronze é um exemplo de imigrantes que levaram doenças e mortes, ou violência e destruição, no seu rastro.

Os europeus de hoje, portanto, são produtos de padrões de mobilidade que remontam a milhares de anos e envolvem interações quase constantes, trocas, supressões, lutas e muito sofrimento. Mas não há razão para considerar os europeus contemporâneos como descendentes das vítimas dessas crises. Se encararmos a colonização europeia como o caos que foi com tanta frequência, pelo menos 70% das pessoas são descendentes dos anti-heróis: os imigrantes que chegaram ao continente e o subjugaram entre 8 mil e 5 mil anos atrás. O material genético dos caçadores-coletores, dominante até então, agora é minoria, embora ainda seja um dos três pilares genéticos da Europa.

Os dados genéticos nos fornecem um cenário muito mais detalhado do fluxo migratório milhares de anos atrás, mas deixam muito espaço para interpretação. Mas uma coisa é certa: a proto-história da imigração na Europa não suporta nem a romantização nem o fatalismo. Sim, poucas vezes a imigração transcorreu de forma completamente pacífica, e, sim, sem ela o continente não seria tão avançado como é hoje. Uma Europa pré-histórica sem a migração teria sido uma Europa destituída de seres humanos, mas haveria uma riqueza impressionante na flora e na fauna.

Os europeus arcaicos nunca tiveram raízes profundas no continente. Os caçadores-coletores foram os únicos ocupantes da Europa durante milênios, mas não foram os primeiros. Eles expulsaram os povos mais antigos, como atestam os 2% de DNA neandertal (e até mesmo os neandertais provavelmente expulsaram alguns tipos de *Homo erectus* quando chegaram). Os caçadores-coletores também não são um excelente exemplo de comunidade assentada e com raízes profundas: nenhuma forma de vida teria sido mais estranha a esses primeiros habitantes do que uma que se limitasse a um pedaço de terra específico. Eles eram instintivamente cidadãos do mundo. Iam para onde a necessidade os levasse, sem reconhecer uma terra natal, só uma vasta extensão repleta de oportunidades. A ideia de possuir um pedaço de terra só surgiu com os primeiros agricultores anatolianos. Foram eles que colocaram estacas na terra e declararam sua posse. Se os opositores da imigração quiserem criar um argumento contra a mobilidade humana com base na proto-história, eles terão que levar em consideração o impacto cultural de uma das maiores ondas migratórias da Europa.

Anseio pelas florestas e pelos campos

A era dos caçadores-coletores europeus, embora tenha começado a desaparecer pouco a pouco há 8 mil anos, continua sendo muito fascinante para muitas pessoas. Elas associam esse estilo de vida a uma liberdade que não existe mais. Os *hikers* modernos que andam pela natureza (domada) com suas mochilas e barracas, os caçadores e os pescadores são provas de um anseio por um estilo de vida supostamente "intocado". Há muita idealização nesse caso. Os primeiros humanos daquela época não comiam apenas carne em pedaços, mas tudo que conseguissem pegar, inclusive caracóis, insetos ou outros animais rastejantes nojentos. É claro que o organismo deles era perfeitamente adaptado a essas fontes de alimento, enquanto o nosso ainda não digeriu totalmente a mudança para uma dieta rica em carboidratos, que ocorreu no Período Neolítico. Tirar a conclusão de que a cultura que os imigrantes levaram para a Europa durante e depois do Neolítico afastou os humanos do caminho pretendido, no entanto, é cometer um erro de julgamento quase religioso. Desde que começamos a andar eretos e a fabricar ferramentas de caça, nós – diferentemente de todas as criaturas da Terra – passamos a moldar o nosso destino, fazendo adaptações quando era necessário ou desejado. Se uma parte essencial de ser humano fosse viver como sempre vivemos, não teríamos nenhum dos benefícios da vida moderna.

Mas é justamente esse anseio irracional por um tipo de "raiz" mítica e intocada que muitas pessoas nas sociedades modernas compartilham. Elas seguem dietas "paleo", supostamente baseadas no estilo de vida dos humanos da Idade da Pedra. Elas preferem remédios naturais. Elas geram enormes quantidades de partículas para se aquecer junto a fogueiras. E às vezes elas correm riscos perigosos. Quando os pais se recusam a vacinar os filhos, por exemplo, argumentando que os seres humanos sobreviveram por milhares de anos sem vacina, eles estão contrariando a medicina ortodoxa moderna: embora seja verdade que nossos ancestrais não vacinassem os filhos, também é verdade que muitos deles morriam de doenças que hoje podem ser tratadas com muita facilidade. Até a xamã de Bad Dürrenberg, um ícone da era dos caçadores-coletores, mal tinha saído da adolescência quando morreu, provavelmente em decorrência de uma infecção. Na Idade da Pedra, a natureza tinha diversas maneiras de acabar com uma vida humana. Ataques cardíacos, diabetes e derrames geralmente não estavam entre elas, mas isso não era só porque as pessoas comiam uma dieta mais balanceada. Era também porque elas costumavam morrer cedo demais para serem acometidas por essas doenças. De forma semelhante, o número de casos de câncer está aumentando sobretudo nos países ricos, já que o câncer é uma doença tipicamente associada a uma idade bem avançada.

A vida dos europeus contemporâneos é a mais confortável na história da humanidade. Isso acontece, em parte, graças às imigrações das Idades da Pedra e do Bronze. A agricultura estabeleceu formas primitivas de comunidades na Europa: as pessoas não eram mais dependentes de famílias ou pequenas tribos, mas podiam contar com a coesão e o apoio de povoados mais amplos. Embora as secas e as crises climáticas continuassem a causar problemas existenciais, a capacidade de estocar alimentos liberou os agricultores aos poucos dos caprichos da natureza. A onda migratória das estepes fundou as bases para uma Europa caracterizada por hierarquias, divisão do trabalho e inovação, e isso num continente que, o mais tardar nos tempos modernos, moldou o mundo inteiro com sua tecnologia e seu conhecimento.

Quando os migrantes saíram da Europa, um continente moldado por imigrantes durante milênios, e atravessaram o Atlântico para chegar ao Novo Mundo, eles repetiram essa história – com todas as terríveis consequências para os povos indígenas. As inovações que eles levaram eram inseparáveis da invasão. É claro que é importante observar que as imigrações proto-históricas e a onda desencadeada por Cristóvão Colombo em 1492 não são comparáveis de uma perspectiva moral. Afinal de contas, a colonização das Américas ocorreu no contexto de normas religiosas e judiciais e de restrições morais, as quais muitos colonizadores europeus pisotearam conscientemente. Por outro lado, na proto-história, essas normas provavelmente não existiam; as pessoas pareciam viver num brutal "estado da natureza", que foi contido aos poucos conforme se desenvolviam as sociedades e civilizações.

A genética foi reabilitada?

Até pouco tempo, só tínhamos uma vaga ideia de como eram as migrações proto-históricas para a Europa que contribuíram para diversas teorias parcialmente conflitantes. Embora muitos cantos desse período arcaico continuem inexplorados, a arqueogenética contribuiu bastante para lançar uma luz sobre eles. O sequenciamento genético nos permitiu ler os genomas arcaicos e contemporâneos como se fossem diários que contam as histórias pessoais da imigração e da miscigenação genética. A genética, portanto, precisa se tornar um elemento essencial da historiografia.

Descrever isso como um desafio da ética científica seria um eufemismo profundo, ainda mais nos países de língua alemã. Afinal, foram os nazistas que se apegaram à ideia ilusória de que a história não passa de uma batalha entre "raças" e a colocaram em prática da maneira mais horrível e bárbara. Muitos arqueólogos do início até meados do século XX postularam que a dominância de determinadas culturas (por "culturas" entenda-se "povos", e por "povos" entenda-se "populações") anda lado a lado com a sua superioridade genética. Eles reforçaram essa afirmação com vários argumentos, inclusive a tese de que a Idade do Bronze na Europa começou não com a adoção de novas ferramentas, mas com a chegada de "guerreiros de machado de batalha" da Escandinávia. Eles achavam que esses povos "nórdicos" eram superiores aos outros – pois tinham impulsionado o progresso e levado consigo as línguas germânicas. A interpretação nazista da história muitas vezes era contestada por descobertas arqueológicas, mas servia como justificativa ideológica para designar outras "raças" – na Europa Oriental, por exemplo – como geneticamente inferiores. Portanto, não é surpresa que, após a Segunda Guerra Mundial, muitos arqueólogos na Alemanha tenham caído no extremo oposto, rejeitando a ideia de que a difusão de tecnologias culturais e línguas tivesse uma relação estreita com a imigração. O Neolítico e a Idade do Bronze, argumentavam esses arqueólogos, se espalharam pela Europa quando as pessoas que já viviam ali aprenderam e adotaram essas novas tecnologias.

Os dados genéticos agora demonstram o contrário. Na verdade, tanto as mudanças tecnológicas quanto as linguísticas na proto-história são inseparáveis das ondas migratórias nas quais os imigrantes expulsaram os povos estabelecidos. Os nazistas não ficariam nem um pouco satisfeitos com o fato de o progresso ter chegado da Anatólia há 8 mil anos e da Europa Oriental há 5 mil anos, mas é razoável argumentar que as descobertas recentes teriam reabilitado parcialmente as teses arqueológicas da primeira metade do século XX. Razoável, mas simplista demais. Um olhar mais atento para os dados genéticos revela como a interação entre imigração e intercâmbio cultural era complicada e torna impossível desenhar linhas certeiras entre as diferentes populações.

Sim, a agricultura foi levada da Anatólia para a Europa e, depois disso, os caçadores-coletores do Crescente Fértil começaram a cultivar a terra, mas isso teve mais a ver com o clima cada vez mais quente da região e a grande variedade de grãos selvagens que cresciam ali e podiam ser cultivados. De maneira semelhante, não existe nenhuma prova de que uma população superior que migrou das estepes tenha possibilitado o progresso; os habitantes das estepes remontam tanto aos imigrantes do Oriente Próximo quanto aos caçadores-coletores estabelecidos. Os povos das estepes levaram as habilidades de processamento do bronze para o Ocidente, mas o salto do nomadismo para o estilo de vida agrícola só foi completado na Europa. Foi lá que eles adotaram um estilo de vida sedentário, enriquecendo-o com inovações tecnológicas. O escambo, além da migração, sempre teve um papel decisivo na inovação cultural. Os europeus são o produto desse processo; até hoje eles têm vestígios de imigração, supressão e cooperação nos genes.

Fronteiras nacionais não são genéticas

Ninguém carrega genes que o identificam como um membro "puro" de determinado grupo étnico. A antiga ideia, que ainda é valorizada, de que um grupo especial de genes pertence aos teutões, celtas, escandinavos ou mesmo a nacionalidades específicas foi minuciosamente refutada. É verdade que a frequência de variantes genéticas específicas passa por mudanças constantes conforme seguimos da Península Ibérica até os Montes Urais, e, com base nisso, os geneticistas também são capazes de dizer mais ou menos de onde um indivíduo vem. No entanto, tentar limitar essas variações genéticas a fronteiras nacionais faz quase tanto sentido quanto a ideia de separar as cores de um degradê em cores distintas. As transições são fluidas demais: podemos medir a diferença entre dois indivíduos – ou duas cores –, mas não podemos designá-los a grupos vizinhos separados, pelo menos não de maneira racional.

Para usar um exemplo do meu país: Freiburg e Heidelberg ficam no estado de Baden-Württemberg, mas uma pessoa comum de Freiburg é mais parecida geneticamente com alguém de Estrasburgo, na França, do que com alguém de Heidelberg, porque Heidelberg fica mais distante. Para chegar ao mesmo grau de diferença genética entre uma pessoa de Flensburg, bem ao norte da Alemanha, e uma de Passau, ao sul, seria necessário cruzar meia dúzia de fronteiras no sudeste da Europa – uma região devastada nos anos 1990 por conflitos violentos motivados por diferenças étnicas presumidas e reais. Na Europa, existe um gradiente genético sutil que pode ser desenhado num mapa de forma confiável, mas ele não é consistente com as fronteiras nacionais. As únicas exceções aqui são ilhas como a Islândia ou, mais nitidamente, a Sardenha; em locais onde houve pouca troca genética ao longo do tempo, o DNA da população é mais homogêneo do que em qualquer outro lugar.

O princípio do gradiente é verdadeiro em todo o mundo. Não existe, por exemplo, uma separação nos Montes Urais ou no Estreito de Bósforo, as fronteiras geográficas da Europa. Do outro lado do Mediterrâneo, as pessoas não têm um DNA completamente diferente. As mudanças genéticas graduais ocorrem nas direções em que os primeiros humanos modernos se espalharam pelo planeta a partir da região da África Subsaariana. Portanto, os africanos do norte têm um parentesco mais próximo com os europeus e os asiáticos ocidentais em termos genéticos, não só porque essas regiões foram colonizadas primeiro pelos imigrantes que saíram da África, mas também porque houve muita troca genética. As diferenças entre essas populações e os habitantes da região do Pacífico são maiores, e são maiores ainda entre eles e os povos nativos da América do Norte, e as maiores de todas são entre eles e os povos da América do Sul, a última parte do mundo a ser povoada por seres humanos. Do leste da África à Terra do Fogo, a regra geral é que quanto menor a distância geográfica entre duas populações, mais próxima a relação genética entre elas. Em geral, as minorias étnicas não são exceção. Os sérvios, por exemplo, não são geneticamente distinguíveis dos saxões, dos habitantes de Brandemburgo ou dos poloneses que os cercam, enquanto os bascos não são diferentes de alguns grupos espanhóis e franceses na região do entorno.

As delimitações entre esses grupos, que se destacam principalmente pela linguagem, se devem, em grande parte, a fatores culturais e políticos. Sua coexistência torna a sociedade mais diversa, mas às vezes, também, mais propensa a conflitos. As justificativas genéticas para os conflitos étnicos não têm nenhuma base científica e não deveriam existir no mundo atual. Com base em alegações pseudocientíficas feitas no século passado, o campo ainda tem a reputação de usar ideologias racistas sob o pretexto de argumentos científicos. Ao contrário disso, a genética hoje é menos compatível com o pensamento baseado na raça do que nunca.

África, o berço da humanidade

A África Subsaariana é o lar de quase um oitavo da população global, mais de 900 milhões de pessoas, e abriga um espectro significativamente maior de diversidade genética do que qualquer outro lugar da Terra. A árvore genealógica da humanidade moderna tem suas raízes lá. Seus galhos se espalharam por todo o mundo, mas também pelo vasto continente africano, que hoje é o lar do maior número de ramificações e bifurcações genéticas. A relação entre as proximidades geográfica e genética também é válida, mas lá ocorre em uma escala muito maior do que nos outros lugares da Terra. Em termos concretos, as diferenças entre o DNA das pessoas das Áfricas Oriental e Ocidental são cerca de duas vezes maiores do que entre o DNA de europeus e asiáticos orientais. Do ponto de vista genético, portanto, todas as pessoas da Terra fazem parte da diversidade africana. A única coisa que separa as pessoas de fora da África daquelas do continente é a conexão com os neandertais, e, na Austrália e na Oceania, a influência genética dos denisovanos.

Apesar desses fatos fundamentais, a África é erroneamente vista por muitos não africanos como um todo singular e homogêneo; essa ignorância pode vir de um desequilíbrio global de poder, que dá menos voz e menos visibilidade aos países do continente e à sua diversidade na mídia, na política e na economia mundial. Essa diversidade – diferentemente da diversidade que existe na Europa – tende a ser quase compulsivamente simplificada demais até hoje. Embora não se ouça mais o termo "África Negra", comumente usado na época colonial para se referir à região ao sul do Saara, outros termos com implicações semelhantes o substituíram. Os habitantes da África Subsaariana e seus descendentes são chamados de "negros" no mundo todo, muitas vezes para distingui-los dos "brancos". Quando o censo dos Estados Unidos no ano 2000 perguntou a que "raça" os cidadãos pertenciam, todas as pessoas descendentes de ancestrais da África Subsaariana foram classificadas como "negras".

Essa divisão em diferentes tipos possivelmente não é racista em si; muitas vezes ela apenas expressa o impulso humano de classificar e delinear. Mas exigir que os seres humanos ordenem a si mesmos com base na cor da pele é um jeito de mostrar como essa questão deveria ser inútil. O irlandês médio obviamente tem a pele mais clara do que, digamos, alguém do sul da Itália, embora ambos sejam considerados "brancos". Da mesma forma, indivíduos de pele escura da Sardenha ou da Anatólia podem não ser facilmente distinguidos dos coisãs da África do Sul com base na cor da pele, ao mesmo tempo que seria bizarro um coisã comparar a própria cor da pele, digamos, à de um congolês. Apesar disso, ambos são considerados "negros".

O fato de ser impossível categorizar a cor da pele deveria ser óbvio para qualquer pessoa que entrasse no departamento de maquiagem de uma farmácia qualquer e se deparasse com uma infinidade de tons de base. Apesar disso, ter uma procedência "negra" visível ainda tem uma influência desproporcional no modo como os indivíduos são percebidos. Foi por isso que a origem queniana de Barack Obama por parte de pai recebeu muito mais atenção do que a origem irlandesa-escocesa por parte de mãe. Hoje sabemos que muitos genes diferentes influenciam a cor da pele de uma pessoa, e as distinções entre tons de pele são igualmente fluidas. No entanto, como cultura, ainda estamos muito longe de compreender esse insight. Muitas vezes é conveniente enfatizar demais o tom da pele; afinal, quase nenhuma outra característica física é tão aparente. Infelizmente, existem desequilíbrios sociopolíticos atribuídos e ligados ao tom da pele que enchem a nossa pele de significado.

À primeira vista, existem algumas justificativas médicas razoáveis para classificar as pessoas por origem geográfica, da qual a cor da pele é, no mínimo, uma indicação. Para um oncologista tratando um paciente da África Ocidental, por exemplo, é importante saber que um gene específico que causa câncer de próstata é mais comum naquela região do que em qualquer outro lugar. No entanto, isso não é um prognóstico médico definitivo de jeito nenhum: embora as doenças e a eficácia dos medicamentos variem entre as regiões, a origem genética não faz mais do que indicar probabilidades. Defeitos genéticos que tornam algumas pessoas resistentes à malária, mas, ao mesmo tempo, aumentam a intolerância a alguns medicamentos, por exemplo, aparecem com mais frequência na África, mas só em regiões específicas e só em algumas pessoas.

Nas últimas décadas, a ancestralidade ofereceu pistas importantes de riscos médicos e probabilidades e por isso teve que ser levada a sério. No entanto, esse modelo está ultrapassado. Graças a alguns progressos científicos, o genoma de um paciente pode ser examinado com relativa facilidade e é possível estabelecer um perfil de saúde mais confiável. Preocupar-se com "raça", etnia ou origem genética ao tratar um paciente deveria ter menos peso hoje em dia, porque temos a tecnologia para ver um indivíduo pelo que ele é: uma mistura única de DNA. No campo da medicina, pelo menos, essa perspectiva igualitária pode se tornar o padrão daqui a dez anos, conforme os testes genéticos se tornam cada vez mais baratos. Na sociedade mais ampla, no entanto, a história mostra que o impulso de categorizar as pessoas com base em traços externos pode persistir por muito tempo.

Etnia e raça: uma coisa do passado?

Durante milênios, conforme os humanos se assentavam por todo o mundo, o número de ramificações e diferenciações entre as populações cresceu, assim como as disparidades genéticas. Contudo, nos últimos milênios, as ramificações da árvore genealógica da humanidade se tornaram cada vez mais entrelaçadas, e o nosso DNA está se tornando mais semelhante. Um fator que contribui para isso é a mobilidade significativamente maior: hoje não existe quase nenhum lugar na Terra onde os seres humanos de toda parte não tenham pisado e deixado descendentes. As diferenças genéticas entre pessoas na Europa e na Ásia Ocidental foram reduzidas a mais da metade ao longo dos últimos 10 mil anos, e a lacuna no mundo está se estreitando. Essa tendência deve continuar conforme as pessoas se tornam cada vez mais nômades.

Essa não é uma boa notícia para aqueles que querem classificar pessoas de diferentes nações de acordo com seus perfis genéticos. Conforme o DNA humano se torna cada vez mais semelhante no mundo todo, constructos como etnia e "raça" serão ainda mais difíceis de justificar do que já são. Pode ser exatamente por isso que aqueles que se sentem desconfortáveis com a maior conexão global defendem com cada vez mais agressividade que esses termos e as categorias dentro deles continuem distintos e separados; conceitos que desapareceram há séculos do discurso público estão ressurgindo como mortos-vivos. Na Alemanha, termos associados aos nazistas, como *Umvolkung* (substituição étnica) ou *Überfremdung* (imigração excessiva de estrangeiros), estão se espalhando com base na ideia de que todas as imigrações alteram o DNA de uma população, bem como sua cultura. Aqui ecoam teorias culturais, linguísticas e étnicas do início do século XX, segundo as quais a cultura e a sociedade se baseiam sobretudo nas semelhanças genéticas. Os defensores desse ponto de vista tanto exaltam quanto rebaixam o papel da própria cultura: eles atribuem um valor imenso a ela, mas não acreditam na sua capacidade de conquistar os estrangeiros. Essa atitude menospreza completamente o poder que as sociedades bem-sucedidas têm de integrar os imigrantes. Os Estados Unidos, assim como muitos países europeus, reforçam isso. Na Alemanha de hoje, quase um em cada quatro habitantes tem um histórico de migração recente – e o país não está de pernas para o ar. Muitos indivíduos que hoje querem proteger a sociedade alemã ou, em geral, a sociedade ocidental de mudanças – especialmente de mudanças provocadas pela imigração – estão tentando criar um modelo de sucesso supostamente estático que não teria sido possível sem a imigração que já ocorreu nas últimas décadas.

A demanda pelo isolamento nacional voltou a estar em voga nos últimos anos, de maneira completamente independente ou até mesmo em proporção inversa às pressões da imigração ou à quantidade de estrangeiros em uma população. Partidos nacionalistas e populistas de direita têm cada vez mais participação no governo; no Parlamento Europeu, eles formaram a própria bancada. Os únicos pontos de concordância costumam ser a rejeição à imigração e a confissão de uma ideia vaga de uma "Europa de Nações", uma comunidade "etnopluralista" em que países individuais têm fronteiras claramente demarcadas. A maioria rejeita não apenas a imigração para a Europa, mas também a ideia de mobilidade – o constructo de um "povo" separado e delimitado só funciona se todos os grupos aceitarem essas fronteiras. Nesse sentido, a aversão a pessoas cosmopolitas demais é compreensível, porque esse cosmopolitismo é atribuído à falta de fidelidade à terra natal. Um político do Parlamento alemão insinuou exatamente isso em 2018, acusando essa "classe globalizada" de controlar a informação e, com isso, estabelecer sua "agenda cultural e política". Provavelmente sem perceber, ele também fez uma referência genética quando descreveu a classe nômade de "trabalhadores da informação digital" como uma "espécie" própria.

Essas referências depreciativas à mobilidade humana e ao internacionalismo muitas vezes carregam inconfundíveis conotações antissemitas. Hannah Arendt via essa atitude como um dos fatores por trás do ódio implacável dos nazistas contra os judeus. Segundo Arendt, para os nazistas os judeus representavam uma rede supranacional, unida pela genética e pelo status de "povo escolhido", exercendo seu poder em países individuais sem nutrir lealdade por nenhum deles.

Embora a ideia de "genes judaicos" tenha sido refutada há muito tempo, ela ainda é bem difundida. Em 2010, por exemplo, o escritor Thilo Sarrazin disse numa entrevista a um jornal que "todos os judeus compartilham um gene específico". Sarrazin não tinha compreendido uma coisa fundamental. Muitos judeus asquenazes – membros da religião cujos ancestrais viveram durante séculos nas partes central e oriental da Europa – têm componentes genéticos semelhantes que podem ser rastreados às suas origens no Oriente Próximo e à miscigenação genética com os europeus centrais e orientais. Convenções rígidas relacionadas ao casamento significavam que, durante séculos, os judeus só costumavam ter filhos com outros membros da sua fé, preservando uma assinatura genética que era distinta da população não judaica. O resultado, no entanto, não foi um gene específico que todos os judeus asquenazes compartilham, mas uma mistura genética especial – cujos componentes são oriundos da

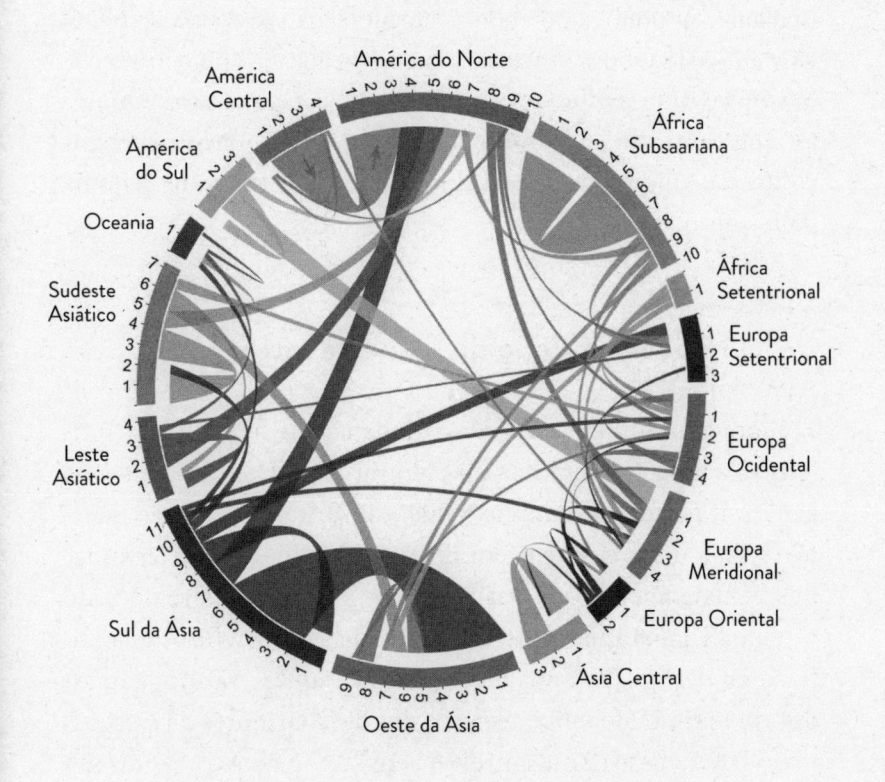

O gráfico mostra os padrões migratórios globais: quanto mais grossa a flecha, maior o número de migrantes. Em comparação com o oeste da Ásia e com a América do Norte, a Europa atrai relativamente poucos imigrantes.

Europa Oriental e do Oriente Próximo – que tende a aparecer com mais frequência nas populações asquenazes. Mas o componente da Europa Oriental presente no DNA asquenaze também é encontrado nos genomas de pessoas de regiões como Turíngia, Saxônia e Brandemburgo, na Alemanha, e até o componente do Oriente Próximo tem proximidade com o componente do agricultor anatoliano, responsável por mais da metade do genoma da Europa Central.

O poder limitado do "gene da inteligência"

Embora nenhum cientista sério ainda afirme hoje que as fronteiras nacionais, religiosas ou culturais são determinadas pela genética, há menos consenso quando se trata de outras questões. Uma delas é se existem níveis de inteligência determinados geneticamente que variam entre as diferentes regiões do mundo. Alguns anos atrás, um geneticista causou furor quando fez uma declaração apoiando essa tese. James Watson, ganhador do Prêmio Nobel por ser um dos descobridores da estrutura do DNA, disse numa entrevista em 2007 que os africanos são menos inteligentes do que os europeus. Todos os testes que tinham sido realizados para provar o contrário, alegava ele, "ainda não tinham" demonstrado isso. Ele não foi capaz de apontar uma diferença genética comprovada, mas pareceu convencido de que ela seria identificada em breve. Após o escândalo provocado por esses comentários, Watson declarou que tinha sido mal interpretado. Ele afirmou que só queria ratificar que existem diferenças genéticas entre as populações e que logo identificaríamos componentes em populações específicas – mas não numa de pele escura, suspeitava ele – que gerariam níveis mais elevados de inteligência.

A previsão de Watson até agora não foi cumprida e provavelmente permanecerá assim. Nos últimos anos, partes minúsculas do genoma cuja presença é correlacionada a uma inteligência maior foram identificadas, mas esses componentes genéticos são apenas uma peça do quebra-cabeça. Esses componentes também não são exclusivos de áreas geográficas: as variantes de genes que apoiam a inteligência são distribuídas de maneira uniforme em todo o mundo. Isso não exclui a possibilidade de, em algum momento, ser encontrado um segmento de código genético que dê mais inteligência a um número acima da média de pessoas de regiões específicas ou descendentes de origens específicas, mas isso é bem improvável. Milhões de genomas já foram mapeados, e inúmeros testes de inteligência foram realizados. Se certos grupos tivessem níveis mais altos de inteligência determinados pela genética, já saberíamos.

Em geral, as disposições genéticas não devem ser superestimadas. Novas descobertas feitas nos últimos anos sobre o impacto da genética na altura do corpo testemunham isso. Cerca de 100 segmentos de genes que influenciam a altura do corpo foram identificados, muitos dos quais variam de região para região. As condições ambientais são muito mais importantes. Em muitas partes do mundo, os humanos de hoje são uma cabeça mais altos do que os avós, e isso acontece apenas por causa de uma alimentação melhor. Ninguém sugeriria que essa diferença na altura tenha surgido como resultado de mudanças genéticas no intervalo de três gerações. Da mesma forma, não é verdade que mais pessoas hoje têm um "gene da inteligência" só porque tiveram um desempenho melhor do que a média num teste de inteligência de 1950. Na verdade, as condições para aumentar a inteligência – como a educação – melhoraram.

Isso não significa que os genes que promovem a inteligência são irrelevantes para o desenvolvimento da personalidade. Uma pessoa sem esses pré-requisitos favoráveis provavelmente vai achar mais difícil tirar boas notas na escola ou na faculdade, a menos que a desvantagem seja contrabalanceada por outros fatores, como status social. Inúmeros estudos provaram que existe uma conexão entre a renda dos pais e o sucesso educacional.

Sinceramente, é problemático concluir, a partir de comparações de traços genéticos e resultados de testes de inteligência, que existe um "gene da inteligência". Inteligência é o que os testes de inteligência medem. Em outras palavras, os atuais testes refletem sobretudo o que a sociedade considera importante. Uma correlação entre um QI elevado e certos componentes genéticos em populações específicas só provaria que essas populações são melhores do que a média em um teste específico. Se usássemos outro teste como referência, que fosse adaptado às demandas de outra sociedade, a mesma população poderia se sair muito pior, enquanto outra poderia se sair muito melhor. Não faz sentido, por exemplo, pôr uma saltadora em altura para competir com uma corredora de 100 metros num *sprint*, porque seria difícil avaliar qual das duas é mais capacitada.

O que sabemos do impacto dos genes sobre a inteligência contradiz hipóteses sobre diferenças regionais ou até mesmo nacionais, mas certamente não torna supérfluos os debates sobre ética. Se a pesquisa genética consegue identificar num período relativamente curto segmentos de DNA que influenciam a inteligência, nos próximos anos e décadas nossa compreensão dessa qualidade nebulosa será ampliada e aprofundada de maneira significativa. Já é possível detectar traços de personalidade autista ou esquizofrênica no DNA. Ninguém consegue prever que tipo de perfil de personalidade será mapeável pelo DNA no futuro. O que faremos quando, por alguns euros ou dólares, formos capazes de determinar não apenas riscos medicinais, mas também traços de personalidade? Enquanto grandes quantias de dinheiro são despejadas em pesquisas genéticas, a humanidade enfrenta a difícil tarefa de responder a essa e a outras questões éticas altamente complexas, embora estejamos prestes a ser apresentados a um fato concreto. Em 2012, foi fundado o China National GeneBank (Banco Genético Nacional da China), com o objetivo expresso de decodificar não só o genoma humano, mas o de toda a biosfera. Enquanto isso, um dos principais acionistas do 23andme, uma das maiores empresas particulares de testes genéticos do mundo, é a empresa de dados Google.

O engodo do design humano

O desenvolvimento da pesquisa genética é como o desenvolvimento do voo supersônico – ficamos fascinados pela promessa extraordinária apesar de termos apenas uma vaga ideia dos perigos por trás da tecnologia. Estamos prestes a quebrar a barreira do som, mas não temos a menor ideia do tipo de estrondo sônico que vamos ouvir. Mas há boas razões para sermos otimistas. Temos uma fantástica história evolutiva, na qual uma combinação de acidentes felizes nos permitiu desenvolver cérebros incrivelmente poderosos. Em termos evolutivos, mal se passou um piscar de olhos desde que os humanos desenvolveram a agricultura e formaram assentamentos. Moldamos o planeta de acordo com as nossas necessidades, exploramos o mundo natural e entendemos as leis da física – e o papel ínfimo da humanidade no seu grande jogo. Agora estamos enfrentando uma das maiores, se não *a* maior, revolução na história humana.

Decodificar o genoma humano é só o começo da estrada: em algum momento nos tornaremos as primeiras criaturas a tomar as rédeas da evolução. O sistema CRISPR/Cas9 foi desenvolvido em 2012, mas essa "tesoura genética" já é uma ferramenta padrão na tecnologia dos genes, nos permitindo editar o genoma dos seres vivos de maneira precisa e direcionada.[1] A natureza revolucionária do CRISPR/Cas9 também é refletida no fato de Jennifer Doudna e Emmanuelle Charpentier, que descobriram o princípio básico, terem recebido o Prêmio Nobel pela descoberta inovadora em 2020. As possibilidades oferecidas por essa tecnologia são evidentes, sobretudo no campo da medicina. As predisposições genéticas ao câncer e a outras doenças, depois de identificadas, podem ser extirpadas e corrigidas com essa tesoura genética. Num futuro não tão distante, poderemos ser capazes de modificar cepas bacterianas e virais para que elas lutem contra outras cepas sem causar danos aos seres humanos. As pessoas poderão ser imunizadas contra doenças fatais. Na melhor das hipóteses, a tesoura genética e outras tecnologias poderão até dar respostas para a iminente catástrofe das bactérias resistentes a antibióticos.

As possibilidades médicas são inúmeras, mas existem muitas variáveis desconhecidas. Ninguém ainda consegue dizer com certeza se editar os genes não irá simplesmente eliminar uma doença e substituí-la por outra. Ainda estamos muito longe de usar a tesoura genética como forma padrão de tratamento, embora os primeiros experimentos em células-tronco humanas já estejam em andamento. No fim de 2018, o cientista chinês He Jiankui anunciou o nascimento dos primeiros bebês com genes editados pelo CRISPR/Cas9. Segundo declarações do próprio He, ele desligou o receptor CCR5 nas gêmeas Lulu e Nana, editando o genoma no estágio embrionário, para impedir que as crianças fossem infectadas pelo HIV. Foi uma intervenção relativamente simples, porque o gene CCR5 já foi bem pesquisado. Ao mesmo tempo, parece haver poucas justificativas para isso, porque o HIV é relativamente raro na China, e o vírus pode ser muito bem controlado com medicamentos, enquanto não há tratamento para a potencialmente fatal febre do Nilo Ocidental, um vírus que pode ser favorecido por uma mutação no receptor CCR5. Parece provável que He Jiankui estivesse menos interessado em proteger Lulu e Nana contra o HIV, como ele alegou, do que em realizar uma pesquisa pioneira.

Ninguém sabe se as ações de He terão consequências indesejáveis para as gêmeas no futuro. O enorme potencial medicinal da tecnologia CRISPR/Cas9 não está em questão, mas avançar sem pesar completamente os riscos seria um desserviço. As reações ao anúncio de He tanto no mundo quanto na China mostraram que a grande maioria da comunidade médica está disposta a propor debates éticos e pautar suas ações em conformidade com eles. Talvez Lulu e Nana tenham abalado o mundo e o arrancado do seu sono e dado início a um debate que deveria ter sido iniciado muito tempo atrás.

De qualquer forma, o lado obscuro dessas novas tecnologias é evidente. Se continuarmos a identificar fatores genéticos associados não só a doenças mas a características como inteligência, altura ou até mesmo personalidade, faltará muito pouco para usar a edição de genes para criar o famigerado *designer baby*, ou bebê geneticamente programado. Hoje em dia, as pessoas já conseguem identificar no início da gravidez o risco de doença de Huntington ou atrofia muscular espinhal diagnosticadas por testes genéticos. A edição de genes poderia até ser preferível nesse cenário – afinal, em vez de causar o encerramento de uma gravidez, ela evitaria que a doença se desenvolvesse no feto. É compreensível que os pais queiram ter um filho saudável, e isso poderia ser concretizado graças ao CRISPR/Cas9. Mas não é igualmente compreensível que eles queiram aumentar o nível de inteligência do filho? Ou que queiram genes que contribuem para uma boa aparência? A linha entre uma sociedade saudável e uma sociedade moldada pode ser indistinta. Na maioria dos países ocidentais, esses cenários têm até hoje enfrentado inúmeras barreiras éticas e jurídicas. Encontrar um jeito de lidar com os riscos imprevisíveis do autoempoderamento genético humano sem dúvida será uma das maiores tarefas que teremos pela frente nos anos e décadas vindouros.

Com certeza isso não será nada agradável. E não podemos proibir todos os novos procedimentos – essa proibição não seria aplicável, como ilustra o caso das gêmeas chinesas. Também seria difícil justificar a negligência em seguir por esse caminho, já que a edição de genes pode ser capaz de salvar vidas ou oferecer um alívio desesperadamente necessário. Na maioria dos países do Ocidente, pensar em proteger as pessoas da malária por meio da tecnologia de edição de genes é um debate ético, mas em muitos países africanos é um debate existencial.

Sem limites

Em algum ponto da nossa jornada genética, nós, humanos, nos tornamos nossos próprios guias. Ao longo dos últimos 100 anos, a população mundial quadruplicou, saltando de menos de 2 bilhões para quase 8 bilhões de pessoas. Desde 1970, ela cresceu na mesma proporção que os cerca de 2 milhões de anos anteriores. Temos uma capacidade impressionante de assertividade evolutiva, mas nossos sucessos criaram a maioria dos desafios existenciais que enfrentamos hoje. Mais pessoas exigem mais recursos, e o aumento dos níveis de emissão de gases de efeito estufa acelerou as mudanças climáticas. Grandes quantidades de pessoas estão competindo por oportunidades escassas de crescimento em regiões que estão rapidamente se tornando inabitáveis. Apesar de tudo, por mais difícil que seja acreditar nisso, a humanidade ainda está em ascensão: ano após ano, nossa situação está melhorando em quase todas as áreas da vida. A prosperidade está aumentando no mundo todo, enquanto a fome, as taxas de doenças fatais e a mortalidade materna e infantil – para mencionar apenas alguns fatores – estão caindo.

Esse tipo de progresso vai continuar, não só porque o impulso de mobilidade e interação faz parte da natureza humana. Conforme nos espalhamos pelo planeta, consolidamos as bases para a sociedade global que tomou forma nos últimos mil anos e tem se desenvolvido a uma velocidade impressionante. Quase metade das pessoas no mundo tem acesso à internet. O volume de dados armazenados está disparando, assim como a quantidade de informações disponíveis em qualquer smartphone. Nas próximas décadas, a digitalização vai chegar a praticamente todas as áreas da sociedade. Até mesmo as grandes esperanças da comunidade médica no campo da genética dependem dessas novas tecnologias e da capacidade de processar uma quantidade de dados que não para de aumentar a uma velocidade cada vez maior. Esses dados incluem o genoma humano e seus bilhões de pares de bases, cujos segredos estamos desvendando aos poucos. O objetivo da ciência e da medicina é sempre o mesmo: explorar completamente a nós mesmos e nossa natureza.

Seguindo pelo caminho que a humanidade vem trilhando desde os primórdios, vamos continuar a construir um mundo em rede, uma sociedade global. Onde ele termina, ninguém sabe. Uma coisa que parece irrefutável é que – tirando o distanciamento social da pandemia – insistir dogmaticamente no isolamento social, cultural e físico entre as nações é um beco sem saída. O mundo nunca foi assim. A jornada da humanidade vai continuar. Vamos encontrar os nossos limites – e não vamos aceitá-los.

Ao longo da jornada dos nossos genes, sabemos que os humanos são viajantes natos. Fomos feitos para vagar pelo mundo.

Notas

Capítulo 1

1 A reação em cadeia da polimerase reproduz um processo que ocorre no corpo milhões de vezes por dia: a duplicação do genoma enquanto novas células são formadas. Enzimas semelhantes às usadas pelo corpo são usadas no laboratório. Uma única molécula de DNA pode se duplicar repetidas vezes para criar 1 bilhão de cópias idênticas em poucas horas.
2 Essa informação genética é herdada por meio dos 23 cromossomos de cada um dos pais. O fato de o pai passar um cromossomo Y ou X determina se a criança será menino ou menina.
3 A tarefa de decodificar o genoma humano foi distribuída entre milhares de cientistas do mundo, como um bolo gigantesco. Seus laboratórios eram quase como fábricas, com dezenas de sequenciadores que valiam milhões de dólares. Ao longo dos anos, cada laboratório sequenciou milhões de pares de bases numa maratona de pesquisa ininterrupta e, no fim, os resultados de cada laboratório foram combinados para formar um único resultado.
4 Paradoxalmente, esse novo conhecimento poderia deixar as pessoas mais inseguras. Pouco depois de um nascimento, os pais seriam informados por escrito dos riscos potenciais para o filho ao longo da vida. Algumas pessoas poderiam se sentir sobrecarregadas com esse conhecimento, ainda mais porque os dados fornecidos pelos sequenciadores precisam ser considerados no contexto da probabilidade estatística.

5   Desde o século XIX, arqueólogos vêm estudando ossos e artefatos – louças, armas, joias –, na tentativa de determinar como seus ancestrais viviam e quando eles se espalharam pelo mundo. Durante muito tempo, a arqueologia funcionou como o Sudoku: combinando vários achados com outros indicadores, é possível montar o quebra-cabeça todo. Se uma tigela de cerâmica feita num estilo específico fosse encontrada ao lado de um esqueleto, e uma tigela semelhante, ao lado de outro, é possível supor que os dois eram membros das mesmas cultura e época. Outros achados nas proximidades – como inscrições ou ferramentas – podem ser usados para estabelecer uma cronologia para várias épocas.

Até boa parte do século XX, as descobertas eram quase sempre datadas por meio de estimativas aproximadas; quando os esqueletos eram encontrados sem bens sepulcrais, nem isso era possível. Isso só mudou com a introdução da datação por radiocarbono, sem a qual a arqueologia moderna seria inconcebível. O método do carbono-14, desenvolvido em 1946, usa uma constante física como ferramenta de medida: a taxa de decaimento do carbono radioativo. O radiocarbono é um material encontrado em artefatos arqueológicos feitos de materiais orgânicos e funciona como um relógio embutido. O decaimento do carbono-14 ocorre no mesmo ritmo em todas as eras, independentemente de fatores externos. É isso que torna o método de datação por radiocarbono útil, porque as escavações arqueológicas costumam encontrar objetos que contêm carbono, muitas vezes ossos ou madeira queimada. A proporção dos isótopos de carbono estáveis em relação aos instáveis nos permite calcular quando esses isótopos instáveis pararam de ser incorporados à madeira ou ao osso – em outras palavras, quando os organismos morreram. Desde a década de 1960, o método do carbono-14 tem sido o procedimento padrão na arqueologia, e hoje existem milhões de objetos arqueológicos datados com base nesse método. Esses dados são igualmente úteis para os arqueogeneticistas. O DNA encontrado em um osso pode abrir uma janela para o passado desse osso, mas se não soubermos quando essa janela se abriu, esse conhecimento é muito menos valioso.

6   Todos nós herdamos entre 30 e 60 dessas mutações dos nossos pais, a maioria das quais vinda do pai, porque mais mutações aparecem nas

células do esperma, que são produzidas o tempo todo. As meninas, por outro lado, têm um estoque limitado de óvulos e não produzem novos depois do nascimento.

7 A ideia do DNA como a planta baixa dos seres vivos se baseia no princípio de translação e transcrição. O DNA é lido no núcleo da célula e transcrito no RNA. O RNA transporta as informações do DNA para fora do núcleo da célula. Os ribossomos, pequenas fábricas de proteínas no interior das células, leem essas informações e produzem proteínas com base nessas informações. Essencial para a produção dessas proteínas é a ordem dos pares de bases, que são lidos pelo RNA a partir do DNA no núcleo.

8 Com 3,3 bilhões de pares de bases, a quantidade de informações no DNA é significativamente maior do que a do mtDNA, que tem apenas 16.500 posições. No entanto, o DNA nuclear só tem duas cópias em cada célula, uma herdada da mãe, e a outra, do pai, enquanto o mtDNA tem vários milhares de cópias, todas idênticas.

9 Uma mulher que deu à luz uma filha e um filho transmite seu mtDNA para ambos os filhos. Só a filha repassa o mtDNA para a próxima geração, e só a neta o repassa aos próprios filhos. Em teoria, a série pode continuar indefinidamente. Se cada mulher tiver uma filha e um filho, em mil anos – supondo-se um intervalo geracional de 30 anos –, teremos 33 mulheres com o mesmo mtDNA, além de 32 homens, embora eles não transmitam o mtDNA aos filhos. Se, por outro lado, cada mulher tiver duas filhas, teremos, no mesmo período, mais de 8 bilhões de mulheres com esse mtDNA, além de todos os filhos dessas mulheres. Se rastrearmos o mtDNA nas nossas árvores genealógicas, descobriremos que, em algum momento, todos nós teremos uma ancestral feminina em comum com qualquer outra pessoa escolhida aleatoriamente. Apesar disso, ninguém vivo hoje carrega o mtDNA original da "Eva mitocondrial", embora todos sejamos descendentes dela. Nos últimos 160 mil anos, tantas mutações se acumularam que o mtDNA se separou em muitas linhagens diferentes.

10 Quanto maior a diferença entre o mtDNA de dois seres humanos modernos, maior o intervalo de tempo que os separa. Uma vez que uma

mutação no mtDNA ocorre com certeza a cada 3 mil anos, mais ou menos, uma pessoa viva hoje deve ter cerca de 33 mutações no mtDNA que seus ancestrais não tinham há 100 mil anos. Quando se trata da separação entre dois tipos de humanos – digamos, neandertais e humanos modernos –, o efeito é duplamente pronunciado: um tipo desenvolveu cerca de 33 mutações em 100 mil anos, e o outro também, resultando numa diferença de 66 mutações. Se observarmos o mtDNA de três tipos diferentes de humanos – denisovanos, neandertais e humanos modernos, por exemplo –, podemos usar o relógio molecular para determinar quem saiu de quem e quando. Acontece exatamente a mesma coisa entre chimpanzés e humanos: usando as diferenças no mtDNA dos indivíduos atuais das duas espécies, podemos calcular que eles se separaram há cerca de 7 milhões de anos. (É importante observar que o relógio molecular é menos confiável nesses intervalos mais longos do que em separações mais recentes, como a que aconteceu entre os neandertais e os humanos modernos.) Há significativamente mais mutações herdadas no DNA nuclear do que no mtDNA – três por ano, em vez de uma a cada 3 mil anos. O relógio molecular também funciona com o DNA nuclear, mas existem muito mais mutações mensuráveis envolvidas.

11 A separação ocorreu na África, mas levou algum tempo até eles chegarem à Península Ibérica.

12 Todos temos dois pais, quatro avós, oito bisavós e 16 tataravós. Isso compreende quatro gerações, algo em torno de 80 a 100 anos. Se voltarmos 20 gerações, ou seja, de 400 a 500 anos, chegaremos a mais de 1 milhão de ancestrais. Com 30 gerações, encontraremos mais de 1 bilhão – muito mais pessoas do que existiam há 650 anos. E, nas 40 gerações (pelo menos) que se passaram desde Carlos Magno, estamos falando de mais de 1 trilhão de ancestrais. Esse número é meramente teórico: nem todas as pessoas tiveram filhos, e algumas tinham mais do que esse cálculo considera. Se você seguir uma árvore genealógica em direção ao passado, vai descobrir que muitas linhas se cruzam, se concentrando nos ancestrais que tiveram um número de filhos acima da média. Daí se conclui que todas as pessoas que tiveram filhos entre 600 e 700 anos atrás e cujos descendentes continuaram a gerar descen-

dentes até os dias de hoje muito provavelmente serão encontradas nas árvores genealógicas de todos os europeus vivos.

Capítulo 2

1   Esse número vem de outra análise de DNA que nosso laboratório conduziu em um neandertal que viveu perto de Ulm cerca de 120 mil anos atrás. Seu mtDNA era diferente daquele dos neandertais identificados até então, que viveram mais tarde e carregavam o mtDNA dos primeiros humanos modernos. Usando o relógio molecular, conseguimos calcular que as duas populações de neandertais devem ter se separado há não mais que 220 mil anos. Em algum momento entre os neandertais espanhóis e essa separação, os primeiros humanos modernos devem ter ido para a Europa e transmitido seu mtDNA para os neandertais. É impossível dizer onde exatamente isso aconteceu – também pode ter sido no Oriente Próximo.

2   Em toda a Europa e a Ásia, os arqueólogos encontraram ossos pertencentes a no máximo 350 neandertais. Na Alemanha, meia dúzia de indivíduos foi descoberta até agora, e o "Vale de Neander" é um dos sítios arqueológicos mais ao norte.

3   Também havia barreiras naturais no continente africano, mas bem menos, e não eram tão implacáveis – o Saara, por exemplo, era muito menor do que hoje e às vezes ficava completamente verde. Portanto, pode ter havido menos fronteiras entre os primeiros humanos modernos na África e, portanto, mais miscigenação genética.

4   O fato de a reclusão dos neandertais tê-los protegido de ameaças – de outros humanos, por exemplo – é especulação. A evolução dos neandertais com certeza não se beneficiou de ter tido um *pool* genético tão pequeno. É provável que genes desfavoráveis tenham tido mais chances de ser transmitidos, já que os neandertais tinham opções limitadas de parceiros. Como eles tinham um parentesco próximo, os pais, em muitos casos, carregavam a mesma mutação desfavorável. E a situação dos denisovanos era ainda pior do que a dos neandertais. Seu DNA

mostra sinais de intensa consanguinidade. Os ancestrais da menina denisovana foram parentes próximos várias vezes, já que grandes porções da Ásia também foram isoladas na Era do Gelo. Geralmente se supõe que as regiões dos assentamentos denisovanos cobriam uma área com a extensão de estados alemães de tamanho médio, habitada apenas por algumas centenas de indivíduos. Esses povos primitivos não tinham muitas opções na hora de escolher um parceiro, o que resultava numa sobreposição genética prejudicial.

5 Se não fosse assim, se as línguas dos humanos modernos que emigraram só tivessem se desenvolvido depois de eles terem deixado a África, teríamos níveis diferentes de competência linguística entre os povos que ficaram isolados por muito tempo e os povos que tinham contato constante com outros grupos. Como todas as populações atuais têm o mesmo nível de competência linguística, esse cenário pode ser descartado.

6 O gene $FOXP_2$ é conhecido como fator de transcrição. Ele consegue ativar e desativar centenas de outros genes no genoma. O motivo pelo qual essa função afeta a habilidade da fala nunca foi explicado em detalhes. O caso da "família KE", que residia na Inglaterra, ganhou certa notoriedade nos círculos científicos. Metade dos membros da família tinha uma grande dificuldade para articular palavras ou entender a língua. Eles herdaram o gene mutante $FOXP_2$ de um dos pais. No meu trabalho de doutorado, no qual estudei os genes no DNA nuclear dos neandertais – anos antes de o genoma todo ter sido decodificado –, descobri que, embora os genes $FOXP_2$ de chimpanzés e humanos modernos sejam diferentes em dois elementos, os dos neandertais e os dos humanos modernos não são. Portanto, o $FOXP_2$ mudou antes da separação entre os humanos modernos e os neandertais. Como está claro que o $FOXP_2$ só possibilita a fala indiretamente, acabei expressando isso com mais cautela: comparar os genes $FOXP_2$ de neandertais e humanos não nos leva a concluir que os neandertais *não conseguissem* falar.

7 Pouco antes da Segunda Guerra Mundial, os ossos de um indivíduo que tinha morrido 100 mil anos atrás e cujos ancestrais viveram ao sul do Saara foram encontrados na Caverna Skhul, na região que hoje é

Israel. Desde então, quase um ano se passou sem novas evidências de humanos modernos descobertos fora da África há mais de 50 mil anos. O que todos eles têm em comum é que seus genes não existem mais nos humanos contemporâneos.

8 A pessoa encontrada na Caverna com Ossos, que viveu há cerca de 40 mil anos, não deixou rastros genéticos nos europeus de hoje, mas o homem de Markina Gora, que viveu após a erupção vulcânica há cerca de 38 mil anos, deixou. Portanto, o seguinte cenário parece realista: a erupção vulcânica pode ter dizimado ou até aniquilado por completo todos os grupos de humanos modernos que chegaram à Europa antes – depois, os nossos ancestrais diretos, os aurignacianos, chegaram, numa nova onda migratória, pelo corredor do rio Danúbio. Não existe nenhuma prova definitiva de que isso ocorreu, porque a sequência de eventos de 40 mil anos atrás não pode ser reconstruída com precisão suficiente. Na verdade, só temos duas provas genéticas do Período Aurignaciano. O segundo indivíduo sequenciado desse período viveu há cerca de 38 mil anos em Goyet, na Bélgica, e também compartilhava genes com os europeus de hoje.

9 É possível que os gravetianos estivessem perseguindo os mamutes, que estavam se espalhando para a Europa nesse período. Uma teoria diz que os animais de grande porte não sobreviveram à erupção vulcânica na Europa e que a espécie asiática ocupou o lugar deles. Também é concebível, no entanto, que eles já tivessem sido exterminados pelos seres humanos no Período Aurignaciano, ou até que os recém-chegados tenham sido seguidos pela vida selvagem "deles" e que a espécie local tenha sido exterminada. Existem evidências genéticas de que os aurignacianos foram eliminados. Em 2018, decodificamos o primeiro genoma da Era do Gelo vindo do norte da África. Os ossos vieram da Gruta de Taforalt, no Marrocos. O sequenciamento do DNA revelou que as pessoas que viveram ali por volta de 15 mil anos atrás não se misturaram geneticamente com os vizinhos europeus.

Capítulo 5

1   Para ter um efeito semelhante hoje, seria necessário acompanhar 10 bilhões de pessoas na Europa de uma vez só, um número maior de pessoas do que as que vivem atualmente no planeta. Ou, para continuar no reino da possibilidade, seria possível alcançar esse efeito levando 1 bilhão de imigrantes para a Alemanha.

Capítulo 6

1   Nós os chamamos de micenianos aqui, embora esse termo tenha surgido no século XIX e possamos supor com segurança que eles se referiam a si mesmos com um nome bem diferente.

Capítulo 8

1   "Reservatório" é o termo para os mamíferos nos quais o patógeno vive principalmente e a partir dos quais ele é transmitido para os seres humanos.

Capítulo 10

1   CRISPR significa "clustered regularly interspaced short palindromic repeats" (em português, "repetições palindrômicas curtas agrupadas e regularmente interespaçadas"). Cas9 significa "CRISPR-associated protein 9" (em português, "proteína 9 associada às CRISPR").

Agradecimentos

Johannes Krause gostaria de agradecer a Wolfgang Haak, Alexander Herbig, Henrike Heyne, Svante Pääbo, Kay Prüfer, Stephan Schiffels e Philipp Stockhammer pelo olhar crítico sobre capítulos específicos. Um agradecimento especial de ambos os autores a Harald Meller, que nos deu muito apoio e cuja riqueza de conhecimento e cujas histórias sobre a pré e a proto-história da Europa foram uma enorme inspiração para nós.

As informações apresentadas neste livro sobre a evolução da humanidade e a história genética da Europa não teriam sido possíveis sem o trabalho científico de inúmeros colegas. Agradecimentos especiais a Adrian Briggs, Hernan Burbano, Anatoli Derevjanko, Qiaomei Fu, Richard Edward Green, Janet Kelso, Martin Kircher, Anna-Sapfo Malaspinas, Tomislav Maricic, Matthias Meyer, Svante Pääbo, Nick Patterson, Kay Prüfer, David Reich, Montgomery Slatkin Udo Stenzel e a todos os outros membros do Neanderthal Genome Consortium.

Um muito obrigado a Mark Achtmann, Kurt Alt, Natasha Arora, Hervé Bocherens, Jane Buikstra, Alexandra Buzhilova, David Caramelli, Stewart Cole, Nicholas Conard, Isabelle Crevecoeur, Dominique Delsate, Dorothée Drucker, Mateja Hajdinjak, Fredrik Halgren, Svend Hansen, Michaela Harbeck, Katerina Harvati, Jean-Jacques Hublin, Daniel Huson, Corina Knipper, Kristian Kristiansen, Carles Lalueza Fox, Iosif Lazaridis, Mark Lipson,

Sandra Lösch, Frank Maixner, Iain Mathieson, Michael McCormick, Kay Nieselt, Inigo Olalde, Ludovic Orlando, Ernst Pernicka, Sabine Reinhold, Roberto Risch, Hélèn Rougier, Patrick Semal, Pontus Skoglund, Viviane Slon, Anne Stone, Jiri Svoboda, Frédérique Valentin, Joachim Wahl, Albert Zink e a muitos outros colegas dos campos da arqueologia, da antropologia, da bioinformática, da genética e da medicina. Sem eles, nunca teríamos sido capazes de reconstruir todas essas histórias do passado da Europa.

Johannes Krause também estende os agradecimentos aos funcionários e colegas da Universidade de Tübingen, do Instituto Max Planck para a Ciência da História Humana, em Jena, e do Instituto Max Planck de Antropologia Evolutiva em Leipzig. Ele gostaria de agradecer em especial a Aida Andrades, Kirsten Bos, Guido Brandt, Michal Feldman, Anja Furtwängler, Wolfgang Haak, Alexander Herbig, Choongwon Jeong, Marcel Keller, Ben Krause-Kyora, Aditya Lankapalli, Alissa Mittnik, Angela Mötsch, Alexander Peltzer, Cosimo Posth, Verena Schünemann, Maria Spyrou, Ashild Vågene, Marieke van der Loosdrecht, Chuanchao Wang, Christina Warinner e a todos os outros que deram contribuições decisivas para os projetos descritos neste livro.

Na editora Ullstein Verlag, Kristin Rotter nos apoiou sobretudo com o desenvolvimento do conceito do livro, e Jan Martin Ogiermann fez os ajustes finos. Agradecemos a Peter Palm pelos mapas lúcidos. Agradecemos também a Ralf Schmitz, Frank Vinken e Bence Viola por oferecerem as fotos e a Johannes Künzel pelo apoio com as fotos dos autores.

Johannes Krause agradece à esposa, Henrike, pelas inúmeras discussões sobre este livro e, sobretudo, sobre o futuro da genética médica. Ele também agradece aos pais, Maria e Dieter, e à irmã, Kristin, pelo olhar crítico e pelos comentários construtivos sobre o manuscrito. O coautor, Thomas Trappe, agradece a Claudia, Clara e Leo. Por tudo.

Referências bibliográficas

A fim de proporcionar uma leitura dinâmica, dispensamos o uso de notas de rodapé para fazer referência a fontes. A lista a seguir inclui as publicações, os livros e outras fontes que usamos em cada capítulo. Alguns detalhes do livro foram extraídos de conversas com colegas cientistas, cujas avaliações e interpretações foram incluídas no texto quando compartilhadas pelos autores. As fontes só são listadas uma vez.

Capítulo 1

MULLIS, K., et al. "Specific enzymatic amplification of DNA in vitro: the polymerase chain reaction". *Cold Spring Harb Symp Quant Biol*, 1986. 51 Pt 1: p. 263-73.

VENTER, J. C., et al. "The sequence of the human genome". *Science*, 2001. 291(5507): p. 1304-51.

International Human Genome Sequencing Consortium. "Finishing the euchromatic sequence of the human genome". *Nature*, 2004. 431(7011): p. 931-45.

REICH, D. *Who we are and how we got here: ancient DNA revolution and the new science of the human past*. 1ª ed. 2018. Nova York: Pantheon Books. xxv, 335 p.

PÄÄBO, S. "Über den Nachweis von DNA in altägyptischen Mumien". *Das Altertum*, 1984. 30(213-218).

Idem. *Neanderthal man: in search of lost genomes*. 2014, Nova York: Basic Books, a member of the Perseus Books Group. ix, 275 páginas.

KRAUSE, J., et al. "The complete mitochondrial DNA genome of an unknown hominin from southern Siberia". *Nature*, 2010. 464(7290): p. 894-7.

GREGORY, T. R. *The evolution of the genome*. 2005. Burlington, MA: Elsevier Academic. xxvi, 740 p.

NYSTEDT, B., et al. "The Norway spruce genome sequence and conifer genome evolution". *Nature*, 2013. 497(7451): p. 579-84.

ENCODE Project Consortium. "An integrated encyclopedia of DNA elements in the human genome". *Nature*, 2012. 489(7414): p. 57-74.

KIMURA, M., "Evolutionary rate at the molecular level". *Nature*, 1968. 217(5129): p. 624-6.

POSTH, C., et al. "Deeply divergent archaic mitochondrial genome provides lower time boundary for African gene flow into Neanderthals". *Nat Commun*, 2017. 8: p. 16046.

KUHLWILM, M., et al. "Ancient gene flow from early modern humans into Eastern Neanderthals". *Nature*, 2016. 530(7591): p. 429-33.

MEYER, M., et al. "Nuclear DNA sequences from the Middle Pleistocene Sima de los Huesos hominins". *Nature*, 2016. 531(7595): p. 504-7.

REICH, D., et al. "Genetic history of an archaic hominin group from Denisova Cave in Siberia". *Nature*, 2010. 468(7327): p. 1053-60.

KRINGS, M., et al. "Neandertal DNA sequences and the origin of modern humans". *Cell*, 1997. 90(1): p. 19-30.

KRAUSE, J. e PAABO, S. "Genetic Time Travel". *Genetics*, 2016. 203(1): p. 9-12.

KRAUSE, J., et al. "A complete mtDNA genome of an early modern human from Kostenki, Russia". *Curr Biol*, 2010. 20(3): p. 231-6.

LAZARIDIS, I., et al. "Ancient human genomes suggest three ancestral populations for present-day Europeans". *Nature*, 2014. 513(7518): p. 409-13.

HAAK, W., et al. "Massive migration from the steppe was a source for Indo-European languages in Europe". *Nature*, 2015. 522(7555): p. 207-11.

ANDRADES VALTUENA, A., et al. "The Stone Age Plague and Its Persistence in Eurasia". *Curr Biol*, 2017. 27(23): p. 3683-3691 e8.

KEY, F. M., et al. "Mining Metagenomic Data Sets for Ancient DNA: Recommended Protocols for Authentication". *Trends Genet*, 2017. 33(8): p. 508-520.

RASMUSSEN, S., et al. "Early divergent strains of Yersinia pestis in Eurasia 5,000 years ago". *Cell*, 2015. 163(3): p. 571-82.

Capítulo 2

GREEN, R. E., et al. "A draft sequence of the Neandertal genome". *Science*, 2010. 328(5979): p. 710-22.

KUHLWILM, M., et al. "Ancient gene flow from early modern humans into Eastern Neanderthals". *Nature*, 2016. 530(7591): p. 429-33.

MEYER, M., et al. "Nuclear DNA sequences from the Middle Pleistocene Sima de los Huesos hominins". *Nature*, 2016. 531(7595): p. 504-7.

POSTH, C., et al. "Deeply divergent archaic mitochondrial genome provides lower time boundary for African gene flow into Neanderthals". *Nat Commun*, 2017. 8: p. 16046.

PRUFER, K., et al. "The complete genome sequence of a Neanderthal from the Altai Mountains". *Nature*, 2014. 505(7481): p. 43-9.

STRINGER, C. e ANDREWS, P. *The complete world of human evolution*. (ed. rev.) 2011, Londres; Nova York: Thames & Hudson, Inc., 240 p.

MEYER, M., et al. "A high-coverage genome sequence from an archaic Denisovan individual". *Science*, 2012. 338(6104): p. 222-6.

FAUPL, P., RICHTER, W. e URBANEK, C. "Geochronology: dating of the Herto hominin fossils". *Nature*, 2003. 426(6967): p. 621-2; discussão 622.

KRAUSE, J., et al. "Neanderthals in central Asia and Siberia". *Nature*, 2007. 449(7164): p. 902-4.

ENARD, W., et al. "Intra- and interspecific variation in primate gene expression patterns". *Science*, 2002. 296(5566): p. 340-3.

KRAUSE, J., et al. "The derived FOXP2 variant of modern humans was shared with Neandertals". *Curr Biol*, 2007. 17(21): p. 1908-12.

DE QUEIROZ, K. "Species concepts and species delimitation". *Syst Biol*, 2007. 56(6): p. 879-86.

DANNEMANN, M., PRUFER, K. e KELSO, J. "Functional implications of Neandertal introgression in modern humans". *Genome Biol*, 2017. 18(1): p. 61.

FU, Q., et al. "Genome sequence of a 45,000-year-old modern human from western Siberia". *Nature*, 2014. 514(7523): p. 445-9.

Idem. "An early modern human from Romania with a recent Neanderthal ancestor". *Nature*, 2015. 524(7564): p. 216-9.

Ibidem. "The genetic history of Ice Age Europe". *Nature*, 2016. 534(7606): p. 200-5.

KIND, N. C. K.-J. *Als der Mensch die Kunst erfand: Eiszeithöhlen der Schwäbischen Alb*. 2017: Konrad Theiss.

CONARD, N. J., "A female figurine from the basal Aurignacian of Hohle Fels Cave in southwestern Germany". *Nature*, 2009. 459(7244): p. 248-52.

CONARD, N. J., MALINA, M. e MUNZEL, S. C. "New flutes document the earliest musical tradition in southwestern Germany". *Nature*, 2009. 460(7256): p. 737-40.

LIEBERMAN, D. *A história do corpo humano: evolução, saúde e doença*. 23ª ed. 2015, Rio de Janeiro: Zahar. 495 p.

GRINE, F. E., FLEAGLE, J. G. e LEAKEY, R. E. *The first humans: origin and early evolution of the genus Homo: contributions from the third Stony Brook Human Evolution Symposium and Workshop*, October 3-October 7, 2006. Vertebrate paleobiology and paleoanthropology series. 2009, Dordrecht: Springer. xi, 218 p.

GIACCIO, B., et al. "High-precision (14)C and (40)Ar/(39) Ar dating of the Campanian Ignimbrite (Y-5) reconciles the time-scales of climatic--cultural processes at 40 ka". *Sci Rep*, 2017. 7: p. 45940.

MARTI, A., et al. "Reconstructing the plinian and co-ignimbrite sources of large volcanic eruptions: A novel approach for the Campanian Ignimbrite". *Sci Rep*, 2016. 6: p. 21220.

MAROM, A., et al. "Single amino acid radiocarbon dating of Upper Paleolithic modern humans". *Proc Natl Acad Sci USA*, 2012. 109(18): p. 6878-81.

KRAUSE, J., et al. "A complete mtDNA genome of an early modern human from Kostenki, Russia". *Curr Biol*, 2010. 20(3): p. 231-6.

FELLOWS YATES, J. A., et al. "Central European Woolly Mammoth Population Dynamics: Insights from Late Pleistocene Mitochondrial Genomes". *Sci Rep*, 2017. 7(1): p. 17714.

MITTNIK, A., et al. "A Molecular Approach to the Sexing of the Triple Burial at the Upper Paleolithic Site of Dolni Vestonice". *PLoS One*, 2016. 11(10): p. e0163019.

FORNI, F., et al. "Long-term magmatic evolution reveals the beginning of a new caldera cycle at Campi Flegrei". *Science Advances*, 2018. Vol. 4, nº 11, eaat9401.

Capítulo 3

ODAR, B. "A Dufour bladelet from Potočka zijalka (Slovenia)". *Arheološki vestnik*, 2008. 59: p. 9-16.

POSTH, C., et al. "Pleistocene Mitochondrial Genomes Suggest a Single Major Dispersal of Non-Africans and a Late Glacial Population Turnover in Europe". *Curr Biol*, 2016. 26: p. 1-7.

TALLAVAARA, M., et al. "Human population dynamics in Europe over the Last Glacial Maximum". *Proc Natl Acad Sci USA*, 2015. 112(27): p. 8232-7.

ALLEY, R. B. "The Younger Dryas cold interval as viewed from central Greenland". *Quaternary Science Reviews*, 2000. 19(1): p. 213-26.

BROECKER, W. S. "Was the Younger Dryas triggered by a flood?". *Science*, 2006. 312(5777): p. 1146-8.

WALTER, K. M., et al. "Methane bubbling from Siberian thaw lakes as a positive feedback to climate warming". *Nature*, 2006. 443(7107): p. 71-5.

ZIMOV, S. A., SCHUUR, E. A. e CHAPIN, F. S. "3rd. Climate change. Permafrost and the global carbon budget". *Science*, 2006. 312(5780): p. 1612-3.

GRÜNBERG, J. M., et al. (eds.) *Mesolithic burials – Rites, symbols and social organisation of early postglacial communities*. Tagungen des Landesmuseums für Vorgeschichte Halle (Saale), Alemanha. Vol. 13. 2013, International Conference Halle.

MANNINO, M. A., et al. "Climate-driven environmental changes around 8,200 years ago favoured increases in cetacean strandings and Mediterranean hunter-gatherers exploited them". *Sci Rep*, 2015. 5: p. 16288.

BOTIGUE, L. R., et al. "Ancient European dog genomes reveal continuity since the Early Neolithic". *Nat Commun*, 2017. 8: p. 16082.

THALMANN, O., et al. "Complete mitochondrial genomes of ancient canids suggest a European origin of domestic dogs". *Science*, 2013. 342(6160): p. 871-4.

ARENDT, M., et al. "Diet adaptation in dog reflects spread of prehistoric agriculture". *Heredity* (Edinb), 2016. 117(5): p. 301-306.

MASCHER, M., et al. "Genomic analysis of 6,000-year-old cultivated grain illuminates the domestication history of barley". *Nat Genet*, 2016. 48(9): p. 1089-93.

RIEHL, S., ZEIDI, M. e CONARD, N. J. "Emergence of agriculture in the foothills of the Zagros Mountains of Iran". *Science*, 2013. 341(6141): p. 65-7.

LARSON, G. "The Evolution of Animal Domestication". *Annual Review of Ecology, Evolution, and Systematics*, 2014. 45: p. 115-36.

GAMBA, C., et al. "Genome flux and stasis in a five millennium transect of European prehistory". *Nat Commun*, 2014. 5: p. 5257.

FELDMAN, M., et al. "Late Pleistocene human genome suggests a local origin for the first farmers of central Anatolia". bioRxiv, 2018. 422295.

LAZARIDIS, I., et al. "Genomic insights into the origin of farming in the ancient Near East". *Nature*, 2016. 536(7617): p. 419-24.

Idem. "Ancient human genomes suggest three ancestral populations for present-day Europeans". *Nature*, 2014. 513(7518): p. 409-13.

MATHIESON, I., et al. "Genome-wide patterns of selection in 230 ancient Eurasians". *Nature*, 2015. 528(7583): p. 499503.

JABLONSKI, N. G. e CHAPLIN, G. "Colloquium paper: human skin pigmentation as an adaptation to UV radiation". *Proc Natl Acad Sci USA*, 2010. 107 Suppl 2: p. 8962-8.

GAMARRA, B., et al. "5000 years of dietary variations of prehistoric farmers in the Great Hungarian Plain". *PLoS One*, 2018. 13(5): p. e0197214.

LIEM, E. B., et al. "Increased sensitivity to thermal pain and reduced subcutaneous lidocaine efficacy in redheads". *Anesthesiology*, 2005. 102(3): p. 509-14.

RYAN, C., et al., *Sexo antes de tudo: como nos relacionamos, porque desejamos outros parceiros e o que isso significa para os relacionamentos modernos*. 2019: Domingos Martins, ES: Pedrazul.

UTHMEIER, T. "Bestens angepasst – Jungpaläolithische Jäger und Sammler in Europa". In: MELLER, H. e PUTTKAMMER, Th. (eds.) *Klimagewalten: Treibende Kraft der Evolution*. 2017: Konrad Theiss.

BEHRINGER, W. *Das wechselhafte Klima der letzten 1000 Jahre*. In: ibid.

MÜLLER, A. *Was passiert, wenn es kälter oder wärmer wird?* In: ibid.

HALLGREN, F., et al. "Skulls on stakes and in water. Mesolithic mortuary rituals at Kanaljorden, Motala, Sweden 7000 BP". In: *Mesolithische Bestattungen – Riten, Symbole und soziale Organisation früher postglazialer Gemeinschaften*. 2013: Landesamt für Denkmalpflege und Archäologie Sachsen-Anhalt.

Capítulo 4

BOLLONGINO, R., et al. "2000 years of parallel societies in Stone Age Central Europe". *Science*, 2013. 342(6157): p. 479-81.

BAJIC, V., et al. "Genetic structure and sex-biased gene flow in the history of southern African populations". *Am J Phys Anthropol*, 2018. 167(3): p. 656-71.

MUMMERT, A., et al. "Stature and robusticity during the agricultural transition: evidence from the bioarchaeological record". *Econ Hum Biol*, 2011. 9(3): p. 284-301.

COHEN, M. N. e ARMELAGOS, G. J. *Paleopathology and the origins of agriculture*. 1984: Orlando: Academic Press.

MISCHKA, D. "Flintbek LA 3, biography of a monument". *Journal of Neolithic Archaeology*, 2010.

BRANDT, G., et al. "Ancient DNA reveals key stages in the formation of central European mitochondrial genetic diversity". *Science*, 2013. 342(6155): p. 257-61.

HAAK, W., et al. "Massive migration from the steppe was a source for Indo-European languages in Europe". *Nature*, 2015. 522(7555): p. 207-11.

MELLER, H., SCHEFZIK, M. e ETTEL, P. (eds.) *Krieg – eine archäologische Spurensuche*. 2015: Konrad Theiss.

MELLER, H. (ed.) *3300 BC. Mysteriöse Steinzeittote und ihre Welt*. 2013: Nünnerich-Asmus.

MITTNIK, A., et al. "The genetic prehistory of the Baltic Sea region". *Nat Commun*, 2018. 9(1): p. 442.

FUGAZZOLA DELPINO, M. A. e MINEO, M. "La piroga neolitica del lago di Bracciano, La Marmotta 1". *Bullettino di Paletnologia Italiana (Rome)*, 1995. 86: p. 197-266.

GREENBLATT, C. e SPIGELMAN, M. *Emerging pathogens: archaeology, ecology and evolution of infectious disease*. 2003: Oxford University Press.

Capítulo 5

PATTERSON, N., et al. "Ancient admixture in human history". *Genetics*, 2012. 192(3): p. 1065-93.

SKOGLUND, P. e REICH, D. "A genomic view of the peopling of the Americas". *Curr Opin Genet Dev*, 2016. 41: p. 27-35.

RAGHAVAN, M., et al. "Upper Palaeolithic Siberian genome reveals dual ancestry of Native Americans". *Nature*, 2014. 505(7481): p. 87-91.

ALLENTOFT, M. E., et al. "Population genomics of Bronze Age Eurasia". *Nature*, 2015. 522(7555): p. 167-72.

ANTHONY, D. W. *The Horse, the Wheel, and Language: How Bronze-Age Riders from the Eurasian Steppes Shaped the Modern World*. 2007: Princeton University Press.

WANG, C. C., et al. *The genetic prehistory of the Greater Caucasus*. bioRxiv, 2018. 322347.

MATHIESON, I., et al. "The genomic history of southeastern Europe". *Nature*, 2018. 555(7695): p. 197-203.

ANDRADES VALTUENA, A., et al. "The Stone Age Plague and Its Persistence in Eurasia". *Curr Biol*, 2017. 27(23): p. 3683-3691 e8.

OLALDE, I., et al. "The Beaker phenomenon and the genomic transformation of northwest Europe". *Nature*, 2018. 555(7695): p. 190-6.

ADLER, W. "Gustaf Kossinna". In: HABELT, R. (ed.) *Studien zum Kulturbegriff in der Vor- und Frühgeschichtsforschung*. 1987. p. 33-56.

HEYD, V. "Kossina's smile". *Antiquity*, 2017. 91(356): p. 348-59.

KRISTIANSEN, K., et al. "Re-theorizing mobility and the formation of culture and language among the Corded Ware Cultures in Europe". *Antiquity*, 2017. 91: p. 334-47.

ORLANDO, L., et al. "Recalibrating Equus evolution using the genome sequence of an early Middle Pleistocene horse". *Nature*, 2013. 499(7456): p. 74-8.

GAUNITZ, C., et al. "Ancient genomes revisit the ancestry of domestic and Przewalski's horses". *Science*, 2018. 360(6384): p. 111-4.

GOLDBERG, A., et al. "Ancient X chromosomes reveal contrasting sex bias in Neolithic and Bronze Age Eurasian migrations". *Proc Natl Acad Sci USA*, 2017. 114(10): p. 2657-62.

MELLER, H., MUHL, A. e HECKENHAHN, K. *Tatort Eulau: Ein 4500 Jahre altes Verbrechen wird aufgeklärt*. 2010: Konrad Theiss.

MELLER, H. e MICHEL, K. *Die Himmelsscheibe von Nebra: Der Schlüssel zu einer untergegangenen Kultur im Herzen Europas*. 2018: Propyläen Verlag.

SEGUREL, L. e BON, C. "On the Evolution of Lactase Persistence in Humans". *Annu Rev Genomics Hum Genet*, 2017. 18: p. 297-319.

Capítulo 6

HASPELMATH, M., DRYER, M. S. e GIL, D. *The World Atlas of Language Structures*. 2005, Oxford Linguistics.

GRAY, R. D., ATKINSON, Q. D. e GREENHILL, S. J. "Language evolution and human history: what a difference a date makes". *Philos Trans R Soc Lond B Biol Sci*, 2011. 366(1567): p. 1090-100.

RENFREW, C. *Archaeology and Language: The Puzzle of Indo-European Origins*. 1987: Cambridge University Press.

GRAY, R. D. e ATKINSON, Q. D. "Language-tree divergence times support the Anatolian theory of Indo-European origin". *Nature*, 2003. 426(6965): p. 435-9.

GIMBUTAS, M. "Culture Change in Europe at the Start of the Second Millennium B.C.: a Contribution to the Indo-European Problem". In: WALLACE, A. F. C. (ed.) *Men and Cultures: Selected Papers of the Fifth International Congress of Anthropological and Ethnological Sciences*. 1956. Filadélfia: University of Pennsylvania Press.

KONTLER, L. *Uma história da Hungria*. 2021: Edusp.

NARASIMHAN, V., et al. "The Genomic Formation of South and Central Asia". bioRxiv, 2018. 292581.

WANG, C. C., et al. "The genetic prehistory of the Greater Caucasus". bioRxiv, 2018. 322347.

JONES, E. R., et al. "Upper Palaeolithic genomes reveal deep roots of modern Eurasians". *Nat Commun*, 2015. 6: p. 8912.

Capítulo 7

FOKKENS, H. e HARDING, A. *The Oxford Handbook of the European Bronze Age*. 2013: Oxford University Press.

ANTHONY, D. W. *The Horse, the Wheel, and Language: How Bronze-Age Riders from the Eurasian Steppes Shaped the Modern World*. 2007: Princeton University Press.

RISCH, R. "Ein Klimasturz als Ursache für den Zerfall der alten Welt". In: *7. Mitteldeutscher Archäologentag*. 2014. Alemanha: Landesamt f. Denkmalpflege u. Archäologie Sachsen-Anhalt.

KNIPPER, C., et al. "A distinct section of the Early Bronze Age society? Stable isotope investigations of burials in settlement pits and multiple inhumations of the Unetice culture in central Germany". *Am J Phys Anthropol*, 2016. 159(3): p. 496-516.

KNIPPER, C., et al. "Female exogamy and gene pool diversification at the transition from the Final Neolithic to the Early Bronze Age in central Europe". *Proc Natl Acad Sci USA*, 2017. 114(38): p. 10083-10088.

MITTNIK, A., et al. "Kinship-based social inequality in Bronze Age Europe". Não publicado, 2019.

MARAN, J. e STOCKHAMMER, P. *Appropriating Innovations: Entangled Knowledge in Eurasia, 5000–1500 BCE*. 2017: Oxbow Books.

HOFMANOVA, Z., et al. "Early farmers from across Europe directly descended from Neolithic Aegeans". *Proc Natl Acad Sci USA*, 2016. 113(25): p. 6886-91.

MELLER, H., SCHEFZIK, M. e ETTEL, P. (eds.) *Krieg – eine archäologische Spurensuche*. 2015: Theiss, in Wissenschaftliche Buchgesellschaft.

LIDKE, G., TERBERGER, T. e JANTZEN, D. "Das bronzezeitliche Schlachtfeld im Tollensetal – Krieg, Fehde oder Elitenkonflikt?". In: MELLER, H., SCHEFZIK, M. e ETTEL, P. (eds.) *Krieg – eine archäologische Spurensuche*. 2015: Theiss, in Wissenschaftliche Buchgesellschaft.

SCHIFFELS, S., et al. "Iron Age and Anglo-Saxon genomes from East England reveal British migration history". *Nat Commun*, 2016. 7: p. 10408.

SCHRAKAMP, I., "Militär und Kriegsführung in Vorderasien". In: MELLER, H. e SCHEFZIK, M., ETTEL, P. (eds.) *Krieg – eine archäologische Spurensuche*. 2015: Theiss, in Wissenschaftliche Buchgesellschaft.

RISCH, R., et al. "Vorwort der Herausgeber". In: MELLER, H, et. al. (eds.) *2200 BC – Ein Klimasturz als Ursache für den Zerfall der Alten Welt?*. 2015: Landesamt für Denkmalpflege und Archäologie Sachsen-Anhalt.

WEISS, H. "Megadrought, collapse, and resilience in late 3rd millenium BC Mesopotamia". In: ibid.

Capítulo 8

LITTLE, L. K. *Plague and the end of antiquity: the pandemic of 541-750*. 2007: Cambridge University Press.

BOS, K. I., et al. "Eighteenth century *Yersinia pestis* genomes reveal the long-term persistence of an historical plague focus". *Elife*, 2016. 5: p. e12994.

Idem. "Parallel detection of ancient pathogens via array-based DNA capture". *Philos Trans R Soc Lond B Biol Sci*, 2015. 370(1660): p. 20130375.

Ibidem. "A draft genome of *Yersinia pestis* from victims of the Black Death". *Nature*, 2011. 478(7370): p. 506-10.

Ibidem. "*Yersinia pestis*: New Evidence for an Old Infection". *PLoS One*, 2012. 7(11): p. e49803.

DU TOIT, A. "Continued risk of Ebola virus outbreak". *Nat Rev Microbiol*, 2018. 16(9): p. 521.

RASMUSSEN, S., et al. "Early divergent strains of *Yersinia pestis* in Eurasia 5,000 years ago". *Cell*, 2015. 163(3): p. 571-82.

ACHTMAN, M., et al. "*Yersinia pestis*, the cause of plague, is a recently emerged clone of *Yersinia pseudotuberculosis*". *Proc Natl Acad Sci USA*, 1999. 96(24): p. 14043-8.

ALLOCATI, N., et al. "Bat-man disease transmission: zoonotic pathogens from wildlife reservoirs to human populations". *Cell Death Discov*, 2016. 2: p. 16048.

ARMELAGOS, G. J. e BARNES, K. "The evolution of human disease and the rise of allergy: Epidemiological transitions". *Medical Anthropology: Cross Cultural Studies in Health and Illness*, 1999. 18(2).

ARMELAGOS, G. J., GOODMAN, A. H. e JACOBS, K. H. "The origins of agriculture: Population growth during a period of declining health". *Population and environment*, 1991. 13: p. 9-22.

OMRAN, A. R. "The epidemiologic transition. A theory of the epidemiology of population change". *Milbank Mem Fund Q*, 1971. 49(4): p. 509-38.

GAGE, K. L. e KOSOY, M. Y. "Natural history of plague: perspectives from more than a century of research". *Annu Rev Entomol*, 2005. 50: p. 505-28.

BENEDICTOW, O. J. *The Black Death, 1346-1353: The complete history*. 2004: Boydell & Brewer.

HINNEBUSCH, B. J., JARRETT, C. O. e BLAND, D. M. "'Flea-ing' the Plague: Adaptations of *Yersinia pestis* to Its Insect Vector That Lead to Transmission". *Annu Rev Microbiol*, 2017. 71: p. 215-232.

HINNEBUSCH, B. J. e ERICKSON, D. L. "*Yersinia pestis* biofilm in the flea vector and its role in the transmission of plague". *Curr Top Microbiol Immunol*, 2008. 322: p. 22948.

WIECHMANN, I. e GRUPE, G. "Detection of *Yersinia pestis* DNA in two early medieval skeletal finds from Aschheim (Upper Bavaria, 6th century A.D.)". *Am J Phys Anthropol*, 2005. 126(1): p. 48-55.

VAGENE, A. J., et al. "*Salmonella enterica* genomes from victims of a major sixteenth-century epidemic in Mexico". *Nat Ecol Evol*, 2018. 2(3): p. 520-8.

ANDRADES VALTUENA, A., et al. "The Stone Age Plague and Its Persistence in Eurasia". *Curr Biol*, 2017. 27(23): p. 3683-3691 e8.

RASCOVAN, N., et al. "Emergence and Spread of Basal Lineages of *Yersinia pestis* during the Neolithic Decline". *Cell*, 2018.

HYMES, R. "Epilogue: A Hypothesis on the East Asian Beginnings of the *Yersinia pestis* Polytomy". *The Medieval Globe*, 2016. 1(12).

YERSIN, A. "Sur la peste bubonique (sérothérapie)". *Ann Inst Pasteur*, 1897. 11: p. 81-93.

BERGDOLT, K. *Über die Pest. Geschichte des Schwarzen Tods*. 2006: C. H. Beck.

KELLER, M., et al. "Ancient *Yersinia pestis* genomes from across Western Europe reveal early diversification during the First Pandemic (541-750)". bioRxiv, 2018. 481226.

WHEELIS, M. "Biological warfare at the 1346 siege of Caffa". *Emerg Infect Dis*, 2002. 8(9): p. 971-5.

SCHULTE-VAN POL, K. "D-Day 1347: Die Invasion des Schwarzen Todes". *Die Zeit*, 5 de dezembro de 1997.

BUNTGEN, U., et al. "Digitizing historical plague". *Clin Infect Dis*, 2012. 55(11): p. 1586-8.

SPYROU, M. A., et al. "Historical *Y. pestis* Genomes Reveal the European Black Death as the Source of Ancient and Modern Plague Pandemics". *Cell Host Microbe*, 2016. 19(6): p. 874-81.

Idem. "A phylogeography of the second plague pandemic revealed through the analysis of historical *Y. pestis* genomes". *bioRxiv*, 481242.

Capítulo 9

World Health Organization. *Wkly. Epidemiol. Rec.*, 2011. 86(389).

BRODY, S. N. *The Disease of the Soul: Leprosy in Medieval Literature*. 1974. Ithaca: Cornell Press.

COLE, S. T., et al. "Massive gene decay in the leprosy bacillus". *Nature*, 2001. 409(6823): p. 1007-11.

DAFFÉ, M. e REYRAT, J.-M. (eds.) *The Mycobacterial Cell Envelope*. 2008. ASM Press: Washington, DC.

World Health Organization. *Fact Sheet Leprosy*. 2015.

ROBBINS, G., et al. "Ancient skeletal evidence for leprosy in India (2000 B.C.)". *PLoS One*, 2009. 4(5): p. e5669.

SCHUENEMANN, V. J., et al. "Ancient genomes reveal a high diversity of *Mycobacterium leprae* in medieval Europe". *PLoS Pathog*, 2018. 14(5): p. e1006997.

Idem. "Genome-wide comparison of medieval and modern *Mycobacterium leprae*". *Science*, 2013. 341(6142): p. 179-83.

TRUMAN, R. W., et al. "Probable zoonotic leprosy in the southern United States". *N Engl J Med*, 2011. 364(17): p. 1626-33.

SINGH, P., et al. "Insight into the evolution and origin of leprosy bacilli from the genome sequence of *Mycobacterium lepromatosis*". *Proc Natl Acad Sci USA*, 2015. 112(14): p. 4459-64.

AVANZI, C., et al. "Red squirrels in the British Isles are infected with leprosy bacilli". *Science*, 2016. 354(6313): p. 744-7.

IRGENS, L. M. "The discovery of the leprosy bacillus". *Tidsskr Nor Laegeforen*, 2002. 122(7): p. 708-9.

CAO, A., et al. "Thalassaemia types and their incidence in Sardinia". *J Med Genet*, 1978. 15(6): p. 443-7.

WAMBUA, S., et al. "The effect of alpha+-thalassaemia on the incidence of malaria and other diseases in children living on the coast of Kenya". *PLoS Med*, 2006. 3(5): p. e158.

LUZZATTO, L. "Sickle cell anaemia and malaria". *Mediterr J Hematol Infect Dis*, 2012. 4(1): p. e2012065.

O'BRIEN, S. J. e MOORE, J. P. "The effect of genetic variation in chemokines and their receptors on HIV transmission and progression to Aids". *Immunol Rev*, 2000. 177: p. 99-111.

WIRTH, T., et al. "Origin, spread and demography of the Mycobacterium tuberculosis complex". *PLoS Pathog*, 2008. 4(9): p. e1000160.

World Health Organization. *Tuberculosis (TB)*. 2018.

BROSCH, R., et al. "A new evolutionary scenario for the Mycobacterium tuberculosis complex". *Proc Natl Acad Sci USA*, 2002. 99(6): p. 3684-9.

COMAS, I., et al. "Out-of-Africa migration and Neolithic coexpansion of Mycobacterium tuberculosis with modern humans". *Nat Genet*, 2013. 45(10): p. 1176-82.

BOS, K. I., et al. "Pre-Columbian mycobacterial genomes reveal seals as a source of New World human tuberculosis". *Nature*, 2014. 514(7523): p. 494-7.

VAGENE, A. J., et al. "*Salmonella enterica* genomes from victims of a major sixteenth-century epidemic in Mexico". *Nat Ecol Evol*, 2018. 2(3): p. 520-8.

DOBYNS, H. F. "Disease transfer at contact". *Annu. Rev. Anthropol*, 1993. 22: p. 273-91.

FARHI, D. e DUPIN, N. "Origins of syphilis and management in the immunocompetent patient: facts and controversies". *Clin Dermatol*, 2010. 28(5): p. 533-8.

CROSBY, A. W. *The Columbian exchange: biological and cultural consequences of 1492*. 2003. Nova York: Praeger.

DIAMOND, J. G. *Armas, germes e aço*. Rio de Janeiro: Record. p. 210.

WINAU, R. "Seuchen und Plagen: Seit Armors Köcher vergiftete Pfeile führt". *Fundiert*, 2002. 1.

SCHUENEMANN, V. J., et al. "Historic *Treponema pallidum* genomes from Colonial Mexico retrieved from archaeological remains". *PLoS Negl Trop Dis*, 2018. 12(6): p. e0006447.

KNAUF, S., et al. "Nonhuman primates across sub-Saharan Africa are infected with the yaws bacterium *Treponema pallidum* subsp. *pertenue*". *Emerg Microbes Infect*, 2018. 7(1): p. 157.

TAUBENBERGER, J. K. e MORENS, D. M. "1918 Influenza: the mother of all pandemics". *Emerg Infect Dis*, 2006. 12(1): p. 15-22.

GYGLI, S. M., et al. "Antimicrobial resistance in *Mycobacterium tuberculosis*: mechanistic and evolutionary perspectives". *FEMS Microbiol Rev*, 2017. 41(3): p. 354373.

FINDLATER, A. e BOGOCH, I. I. "Human Mobility and the Global Spread of Infectious Diseases: A Focus on Air Travel". *Trends Parasitol*, 2018. 34(9): p. 772-83.

Capítulo 10

FINDLATER, A. e BOGOCH, I. I., "Human Mobility and the Global Spread of Infectious Diseases: A Focus on Air Travel". *Trends Parasitol*, 2018. 34(9): p. 772-83.

KLEIN, L. "Gustaf Kossinna: 1858–1931". In: MURRAY, T. (ed.) *Encyclopedia of Archaeology: The Great Archaeologists*. 1999, ABC-CLIO. p. 233-46.

KOSSINNA, G. *Die Herkunft der Germanen. Zur Methode der Siedlungsarchäologie*. 1911, Würzburg: Kabitzsch.

GRÜNERT, H., "Gustaf Kossinna. Ein Wegbereiter der nationalsozialistischen Ideologie". In: LEUBE, A. (ed.) *Prähistorie und Nationalsozialismus: Die mittel- und osteuropäische Ur- und Frühgeschichtsforschung in den Jahren 1933-1945*. 2002, Synchron Wissenschaftsverlag der Autoren: Heidelberg.

EGGERS, H. J. *Einführung in die Vorgeschichte*. 1959. München: Piper.

EGGERT, M. K. H. *Archäologie. Grundzüge einer historischen Kulturwissenschaft*. 2006, Tübingen: A. Francke.

SCHULZ, M. "Neolithic Immigration: How Middle Eastern Milk Drinkers Conquered Europe". *Spiegel*, 15 de outubro de 2010.

MARTIN, A. R., et al. "An Unexpectedly Complex Architecture for Skin Pigmentation in Africans". *Cell*, 2017. 171(6): p. 1340-1353 e14.

JINEK, M., et al. "A programmable dual-RNA-guided DNA endonuclease in adaptive bacterial immunity". *Science*, 2012. 337(6096): p. 816-21.

WADE, N. "Researchers Say Intelligence and Diseases May Be Linked in Ashkenazic Genes". *New York Times*, 6 de junho de 2005.

GAULAND, A. "Warum muss es Populismus sein?". *Frankfurter Allgemeine Zeitung*, 6 de outubro de 2018.

ROSLING, H. *Factfulness: Wie wir lernen, die Welt so zu sehen, wie sie wirklich ist*. 2018: Ullstein.

ARENDT, H. *Origens do totalitarismo: Antissemitismo. Imperialismo. Totalitarismo total*. 2017: São Paulo: Companhia de Bolso.

SEIBEL, A., et al. "Mögen Sie keine Türken, Herr Sarrazin?". *Welt am Sonntag*, 29 de agosto de 2010.

"The elementary DNA of Dr Watson". *The Sunday Times*, 14 de outubro de 2007.

Créditos das imagens

Acervo particular: p. 20, 27, 28, 119, 149

Annette Günzel, Berlim: p. 221

Associação Americana pelo Desenvolvimento da Ciência: p. 249

Biblioteca Herzog August, Wolfenbüttel: A: 1.3 Hist. 2º: p. 182

Dorothea Gray: Seewesen. (Archaeologia Homerica, Volume I, capítulo G). Vandenhoeck & Ruprecht, Göttingen 1974: p. 169

Evans, Arthur, Sir. Scripta Minoa: p. 144

Instituto Arqueológico Alemão, Projeto Göbekli Tepe: p. 85

Museu Arqueológico de Baden-Württemberg/bpk/Manuela Schreiner: p. 56, 57 (dir.)

Museu de Artes da Basileia, Depósito da Fundação Gottfried Keller, Secretaria Federal de Cultura, Bern, Martin P. Bühler: p. 194

Museu de Ulm, Oleg Kuchar: p. 57 (esq.)

Curadores do Museu Britânico: p. 200

Secretaria para Preservação dos Monumentos e para Arqueologia da Saxônia-Anhalt, Juraj Lipták: p. 166

Secretaria para Preservação dos Monumentos e para Arqueologia da Saxônia-Anhalt, Karol Schauer: p. 79, 102, 109, 128

Thomas T., www.flickr.com/photos/theadventurouseye/5602930382/: p. 63

CONHEÇA ALGUNS DESTAQUES DE NOSSO CATÁLOGO

- BRENÉ BROWN: *A coragem de ser imperfeito – Como aceitar a própria vulnerabilidade, vencer a vergonha e ousar ser quem você é* (600 mil livros vendidos) e *Mais forte do que nunca*

- T. HARV EKER: *Os segredos da mente milionária* (2 milhões de livros vendidos)

- DALE CARNEGIE: *Como fazer amigos e influenciar pessoas* (16 milhões de livros vendidos) e *Como evitar preocupações e começar a viver* (6 milhões de livros vendidos)

- GREG MCKEOWN: *Essencialismo – A disciplinada busca por menos* (400 mil livros vendidos) e *Sem esforço – Torne mais fácil o que é mais importante*

- HAEMIN SUNIM: *As coisas que você só vê quando desacelera* (450 mil livros vendidos) e *Amor pelas coisas imperfeitas*

- ANA CLAUDIA QUINTANA ARANTES: *A morte é um dia que vale a pena viver* (400 mil livros vendidos) e *Pra vida toda valer a pena viver*

- ICHIRO KISHIMI E FUMITAKE KOGA: *A coragem de não agradar – Como a filosofia pode ajudar você a se libertar da opinião dos outros, superar suas limitações e se tornar a pessoa que deseja* (200 mil livros vendidos)

- SIMON SINEK: *Comece pelo porquê* (200 mil livros vendidos) e *O jogo infinito*

- ROBERT B. CIALDINI: *As armas da persuasão* (350 mil livros vendidos) e *Pré-suasão – A influência começa antes mesmo da primeira palavra*

- ECKHART TOLLE: *O poder do agora* (1,2 milhão de livros vendidos) e *Um novo mundo* (240 mil livros vendidos)

- EDITH EVA EGER: *A bailarina de Auschwitz* (600 mil livros vendidos)

- CRISTINA NÚÑEZ PEREIRA E RAFAEL R. VALCÁRCEL: *Emocionário – Um guia prático e lúdico para lidar com as emoções* (de 4 a 11 anos) (800 mil livros vendidos)

sextante.com.br